王 士 维 | 建 艺 幻 想 曲

ALEXANDER WONG | ARCHIPHANTASY

王士维 编著

广西师范大学出版社
· 桂林 ·
images
Publishing

图书在版编目（CIP）数据

王士维 | 建艺幻想曲 / 王士维编著 . —桂林：广西师范大学出版社，2019. 11
ISBN 978-7-5598-1549-1

Ⅰ. ①王… Ⅱ. ①王… Ⅲ. ①建筑设计-作品集-中国-现代 Ⅳ. ① TU206

中国版本图书馆 CIP 数据核字 (2019) 第 030796 号

出 品 人：刘广汉
责任编辑：肖　莉
助理编辑：李　楠
装帧设计：王鞶基 陈意宝 萩野友加莉

广西师范大学出版社出版发行
（广西桂林市五里店路 9 号　　邮政编码：541004
网址：http://www.bbtpress.com）
出版人：张艺兵
全国新华书店经销
销售热线：021-65200318　021-31260822-898
恒美印务（广州）有限公司印刷
（广州市南沙区环市大道南路 334 号　邮政编码：511458）
开本：787mm×1 168mm　1/8
印张：44　　字数：352 千字
2019 年 11 月第 1 版　　2019 年 11 月第 1 次印刷
定价：368.00 元

“任何你能想象得到的事物都是真的。”

巴勃罗·毕加索

Pablo Picasso

王士维
ALEXANDER WONG

建筑师 | 作家

中国香港建筑师学会会员、英国皇家建筑师协会会员、美国建筑师协会会员

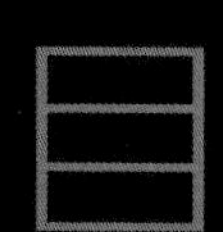

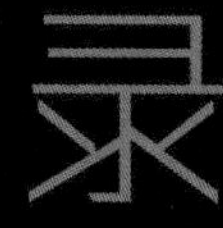

梦幻山水

白洞

百姓宫殿

幻想曲

梦幻
DREAMSCAPE
山水

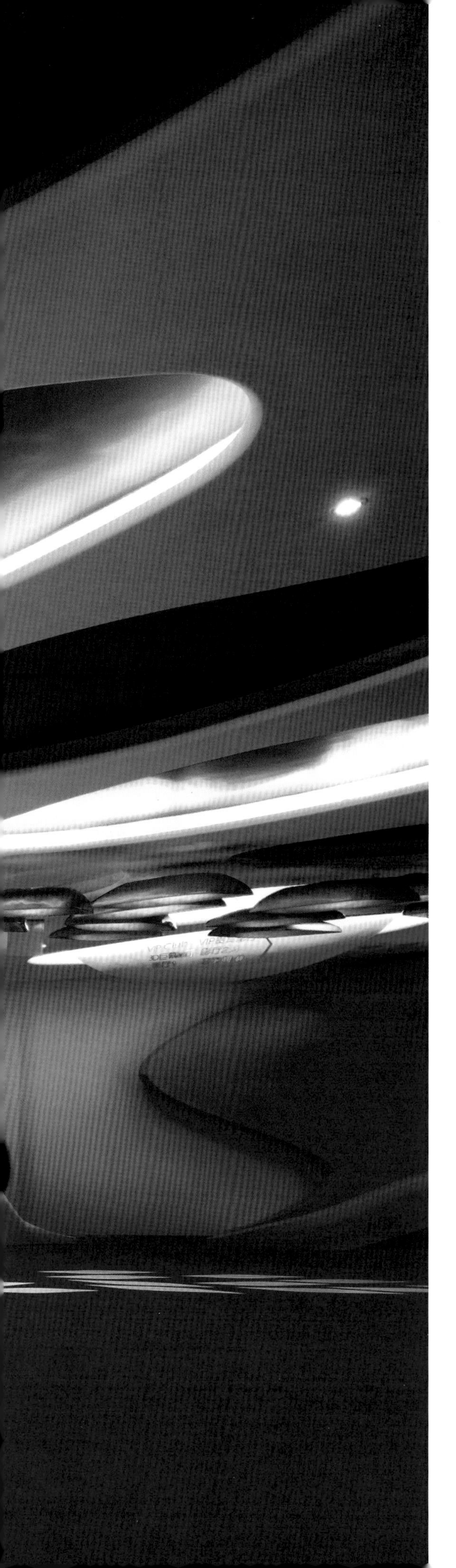

阿凡达城

CINEMA FUTURA 2014

这项设计基于"未来主义"。设计师受雷德利·斯科特的《异形》和詹姆斯·卡梅隆的《阿凡达》等经典科幻电影启发，试图在中国中山市打造第一个科幻电影院。3419 平方米的内饰是一个复杂的有机元素设计组合，以大胆的色彩和动态照明搭配独特的外形（主要是用玻璃纤维模具定制），从而营造出一种充满未来感的氛围。人们一到入口处就会立即抵达"潘多拉广场"，这是一个超现实主义的生物圈，其有机天花板由双层螺旋柱支撑，而外层则受电影《异形》和名为"科幻龙骨柱"的 DNA 链启发。在这里，人们还会注意到，地板上的白色叶状图案与悬挂在天花板上动态旋转的金属吊灯相得益彰。广场被"潘多拉售票处"和"潘多拉吧"围成一圈，在这里，影迷们可以购买门票和爆米花，然后开始他们独一无二的电影梦幻旅程。大自然里充满了我们想象不到的复杂的几何形状，就我们宇宙的复杂程度而言，科幻和"未来主义"只反映了这一复杂性的一小部分。我们的灵感来自大自然本身。我们只是深深地受大自然启发，或者是很纯粹地敬畏自然，自然是所有艺术形式的来源，包括任何形式的建筑和空间设计。

吊灯
THE PENDANT LIGHTS
金属吊灯悬浮在半空并动感地旋转。

染色桥

CHROMOSOME X-OVER PORTAL

这个“未来主义”的过渡区在平面上是一个巨大的半X形，它通过一面镜子墙反射，在视觉上形成X染色体，并通过另一个独特的入口引导人们进入拥有374座的3D巨幕电影厅。染色桥是一个独特的桥式结构，将宏伟的楼梯与名为“潘多拉3D影院”的3D巨幕电影厅相连。这座桥因为以下几点成为一个原创作品：首先，在平面上，这座桥是半个X形，与墙上巨大镜子里的映像组成一个完整的X形。其次，人们可以在地板上发现由有机结构在下方点亮的发光透明灯槽。在墙上，“创战隧道”沙丘状的面板会以更大的规模重复自身（这次是白色）。最后，天花板上挂满银色叶状的巨型倒吊灯——它是以潘多拉广场和“创战隧道”中漂浮的小型金色吊坠为模型的。

染色桥入口及楼梯 CYBER PORTAL & STAIRCASE

创战隧道
TRON TUNNEL

受《创：战纪》电影系列的启发，这条“隧道”像是一个科幻的空间，这一空间的设计体现了“速度”这一概念。蓝色象征着宇宙的虚无。它可以被抽象地解释为空间的符号，同时它是一种代表非物质化形式的颜色。严格来说，蓝色在电影技术中也是用于后期制作叠加各种颜色的基本颜色（现在也使用明亮的青柠色）。从心理上来说，由于它是“夜晚的颜色”，所以它也可以是潜意识层面的感性色彩。

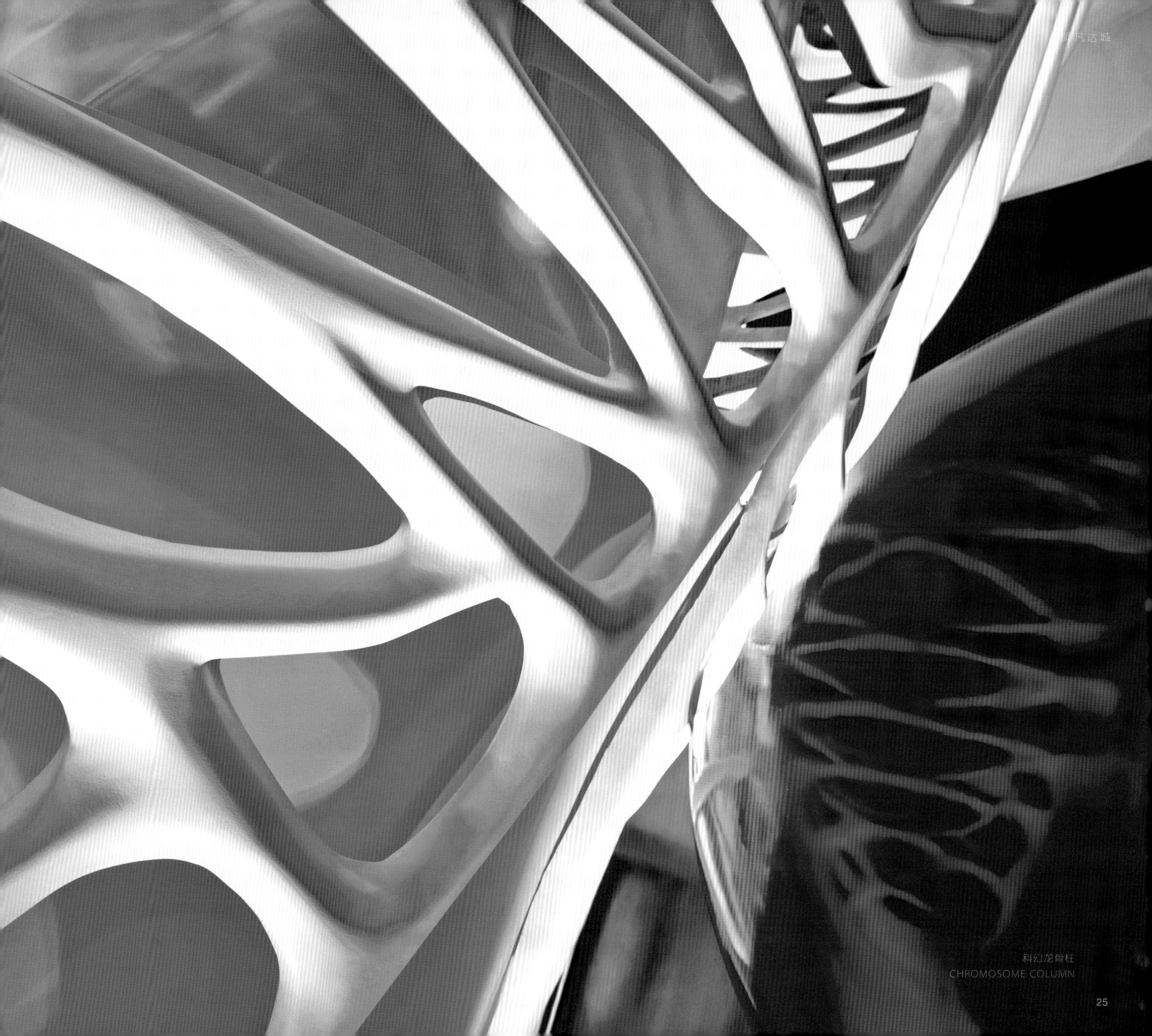

科幻龙骨柱
CHROMOSOME COLUMN

科幻卡门
CARMEN FUTURA 2014

香港是世界上最具活力的城市之一，甚至可能是亚洲最具魅力和最令人兴奋的大都市。在旺角心脏地带著名的大型购物中心——朗豪坊（Cinema City），客户将启动名为朗豪坊的第一座多观众厅影院，作为其在香港的标志性旗舰店。影院灵感来自获奖无数的著名香港导演王家卫先生的"欲望三部曲"电影系列。香港以打造亚洲最时尚的生活方式为目标，重新诠释世界文化。不仅在旺角，香港各地的国际品牌也转化成香港本土文化的一部分，最终形成了香港的"新亚文化"。此外，旺角是很多香港本土电影中的标志性背景。这里的非凡目标是为朗豪坊创造一个真正独特的原创设计，这个设计既是本地化的，又是具有国际性的。

魔吧

MORPH BAR

位于吧台上方的金色“藤蔓”展示了“CC”的标志——这是朗豪坊的独特标志。人们可以在魔吧购买流行的饮料和零食。吧台旁边是一个型 LED 显示屏，它是传媒热点的其中一部分，用作举行电影首映礼或是明星红毯秀。

未来大堂
LOBBY FUTURA

在未来大堂，观众可在布满金色“藤蔓”的魔吧购买饮料和零食。

云图隧道
CLOUD ATLAS TUNNEL
云图隧道的天花板和地板均配有云图图案。

JOURNEY TO THE WEST
SECRETS OF SARIRAS

云图隧道
CLOUD ATLAS TUNNEL

云图隧道是纯粹的幻想，它以一种超脱世界的方式来完成充满魅力的设计，就像是一条从现实通往未来的童话故事的道路。

成千上万的蓝色钻石切割状的水晶放置在墙上排列整齐得如同动物鳞片的香槟金色参数化图案上。

天际扶梯
SKY ESCALATOR

乘坐天际扶梯上楼时，人们会经过一面特殊的墙，墙体上的彩色水晶在 LED 光源的照射下不停闪烁。

霍士影厅
HOUSE OF FOX

TRON盥洗池
TRON HAND-WASH BASIN

TRON盥洗池体现了一个真正独特且原创的设计，该设计表现了一系列富有科技感、纯白色的未来街灯设计。

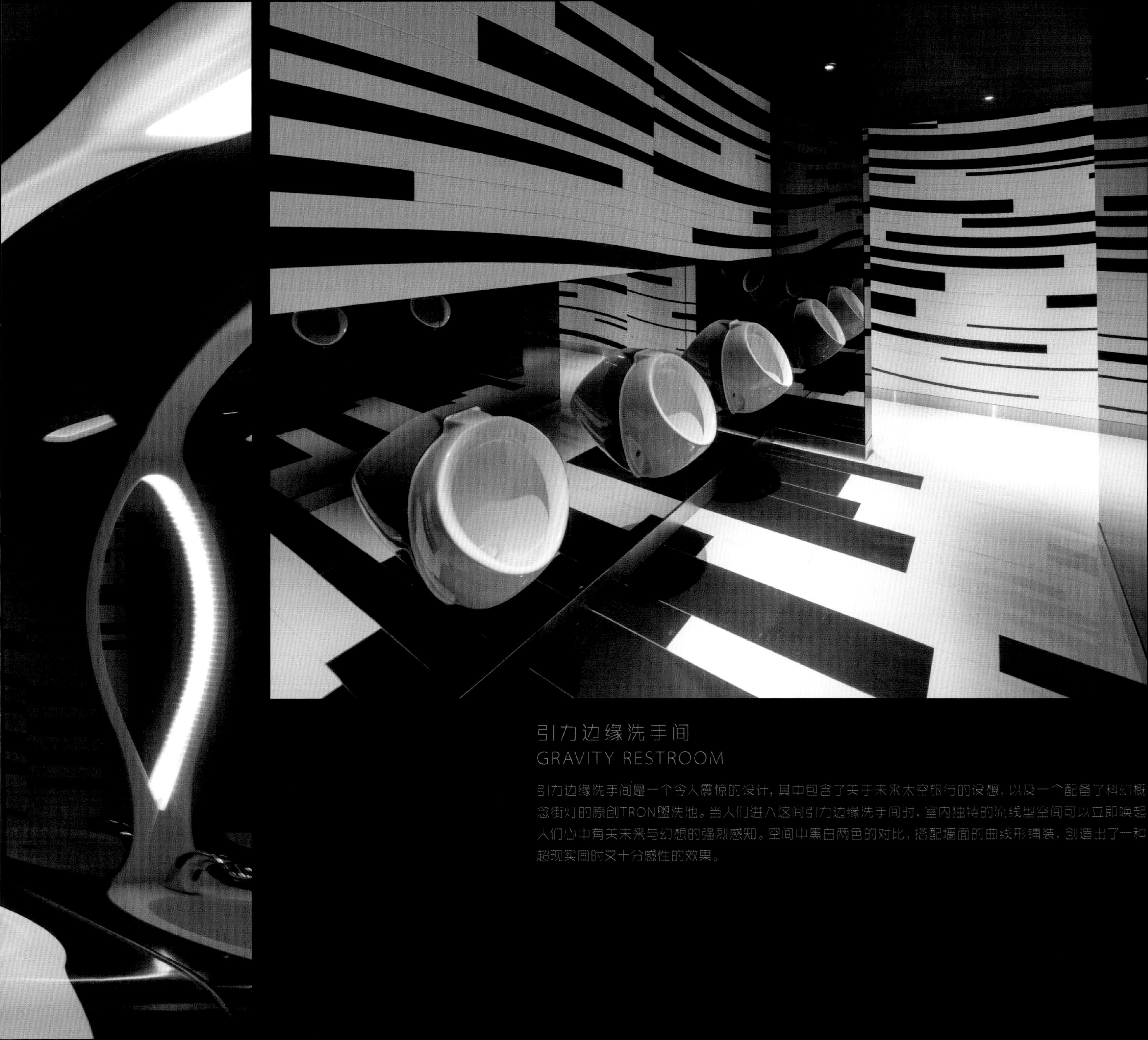

引力边缘洗手间
GRAVITY RESTROOM

引力边缘洗手间是一个令人震惊的设计，其中包含了关于未来太空旅行的设想，以及一个配备了科幻概念街灯的原创TRON盥洗池。当人们进入这间引力边缘洗手间时，室内独特的流线型空间可以立即唤起人们心中有关未来与幻想的强烈感知。空间中黑白两色的对比，搭配墙面的曲线形铺装，创造出了一种超现实同时又十分感性的效果。

玫瑰·未来
ROSE FUTURA

位于8层的主要入口采用了巨型蓝色玫瑰的造型，这一设计的灵感来自法比奥·诺文布雷的设计作品。此处的设计概念为默默等待一个手持蓝色玫瑰的人。“玫瑰·未来”中使用的青色霓虹灯产生了令人震撼的效果，让每位访客印象深刻。

CINEMA CITY
LANGHAM PLACE

科幻亚马孙

FUTURE AMAZON 2013

科幻亚马孙，象征着 21 世纪划时代影院的开端，同时寓意着一个充满创意惊喜的电影绿洲 (Film Oasis) 的诞生。电影观众将被邀请进入充满神秘和冒险的幻想世界。这里的设计理念是让电影院成为一个充满活力并具有未来感的热带雨林，一个充满各种色彩的宇宙——如果你愿意的话，可以称其为幻彩文化，它体现了原始感官的刺激协同作用和前卫的观念，以供观众探索。

国际影城

蝶变大堂及金璧售票处

HALL OF BLUE BUTTERFLIES WITH GOLDEN BOX OFFICE

电影观众仿佛来到了生命的起源之地，体验到了在亚马孙充满幻想的旅程。

充满金属感和雕塑感的金璧售票处闪闪发光，搭配了一个独特的天花板。天花板上挂满了漂浮在半空中的孔雀蓝的装饰，就像是巴西帝王蝶的翅膀。

金鉴售票处 GOLDEN BOX OFFICE

蝶变隧道 BUTTERFLY TUNNEL

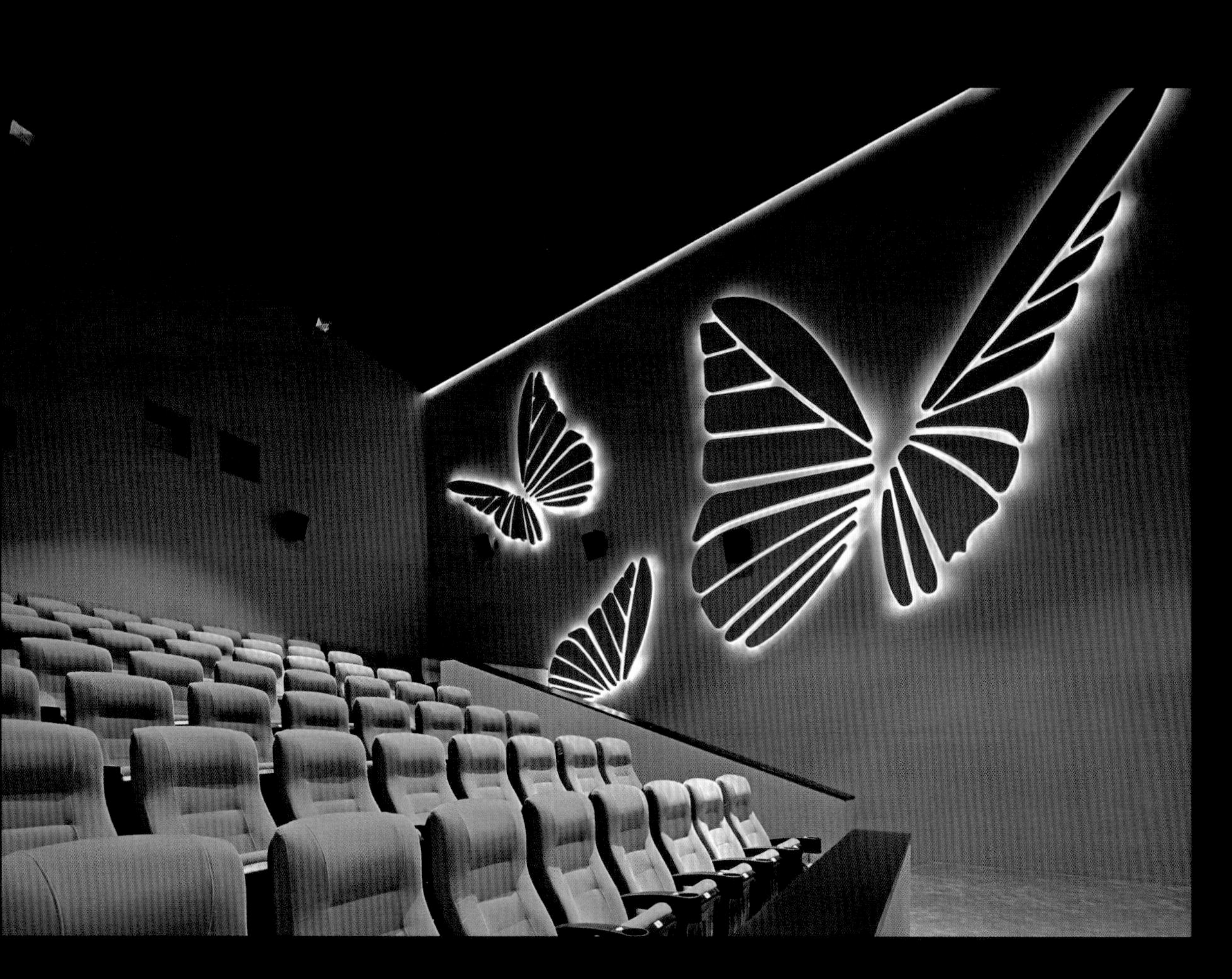

影厅

CINEMA HOUSES

其他亚马孙风格的影厅，也试图给观众留下难以磨灭的印象。

科幻原野

FUTURE WILD 2014

位于中国新疆的科幻原野是首家以未来主义为主题的电影院，它同时也是乌鲁木齐市新的电影院的代表。新疆的文化和习俗多彩且富有极度的英雄主义和野性：人们在高原牧场上骑马奔驰，森林里随处可见身姿矫健的鹿，雪山上野兔被雪豹猎杀……这个设计充分利用了这些原始而震撼人心的画面，通过科幻手法，设计出这间具有高原气息的电影院。

飞马天梯
PEGASUS GRAND STAIRCASE

从原野之门进入，观众立刻就会被一系列非凡的视觉元素所吸引。主大堂名为原野的呼唤，是一个由独特动力学的飞马天梯支撑的黑色、金色和白色的抽象景观，同时，金鸟巢售票处及小卖部的灵感来自于老鹰。

"世界存于荒野。"

亨利·戴维·梭罗
Henry David Thoreau

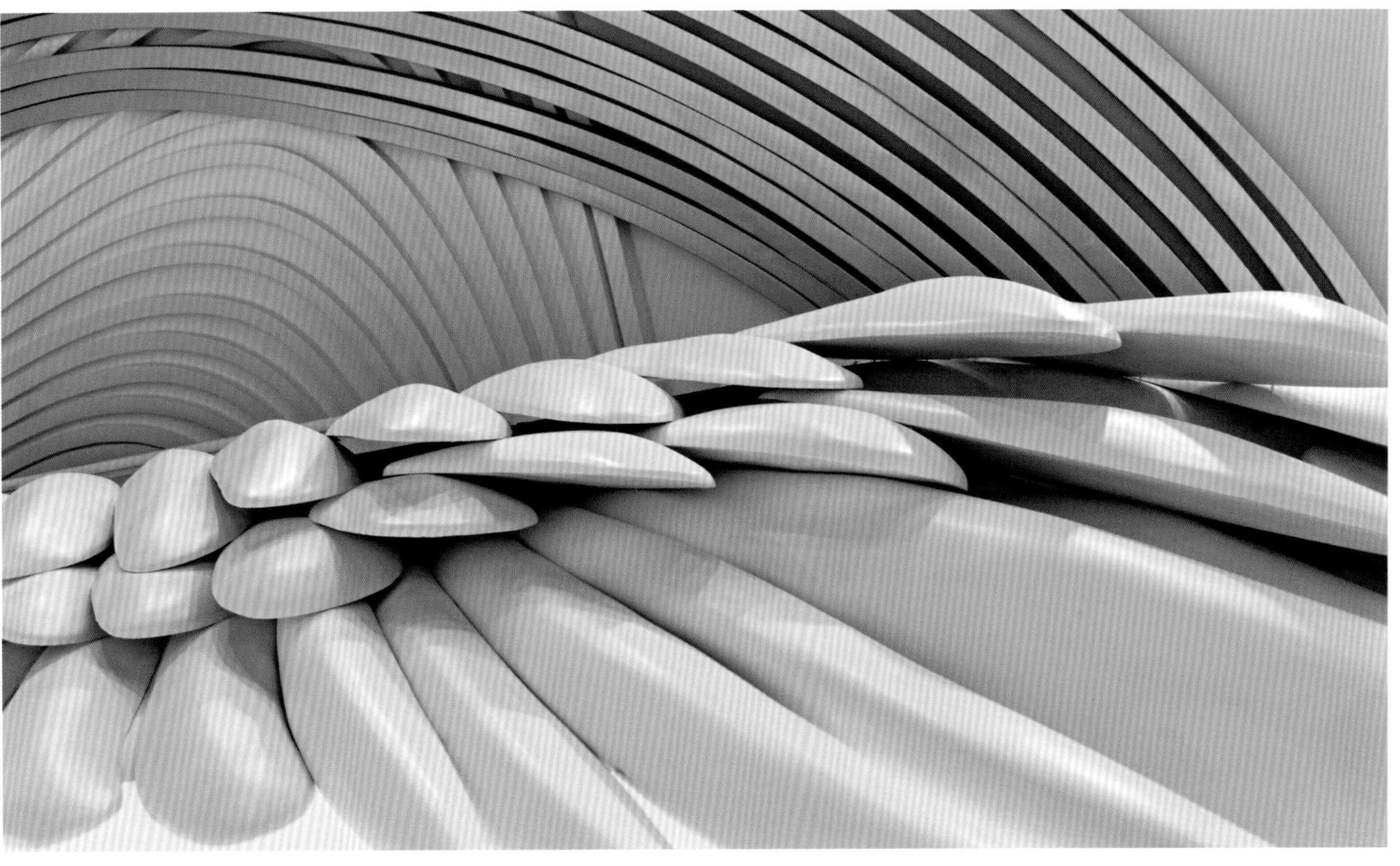

金鸟巢售票处及小卖部
GOLDEN NEST BOX OFFICE & CONCESSION BAR

鹿野仙踪
NIGHT FOREST TRAIL

向右转是鹿野仙踪长廊，在这里，电影观众可以在夜晚的“荒野”中体验到一种抽象景观，磨砂玻璃天花板顶上的微弱星光搭配整个长廊焦点上的金色月亮，使整体氛围浪漫、神秘。

白玉科幻
WHITE FUTURA 2016

位于上海市的白玉科幻是 2016 年为中影国际影城创建的两间电影院中的第二间。与其形成鲜明对比的是之前在武汉建造的超越未来。超越未来主要以黑色为主，表示宇宙的黑暗物质，而白玉科幻则与之大相径庭，被认为是“归零地 (Ground zero)”或“白板 (Tabula rasa)”，它是宇宙的“白色起源”，紧随在黑洞后面的平行宇宙中存在的“超越”镜像。

SECRETS OF
SARIRAS
IN THEATERS, REAL D
JUNE 10

JOUR
SECRETS O
SARIRA

EY TO THE
WEST
80街区
美式餐厅
80街区
美式餐厅
GHBORHOODS
OPENING SOON

CINEMA CITY
CINEMA CITY

异国风情影城

CINEMA EXOTICA 2017

我们的设计理念是革命性的，因为我们的影院推动了混合文化和设计的新领域。在中国最具多元文化的城市——上海，异国风情影城是“东方遇见阿拉伯”或“东方遇见中东”的展示。设计师受到阿拉伯国家的文化传统和神话故事启发，从中东寻找设计灵感，设计出一种崭新的影城，而这个异国风格的影城也体现了 21 世纪的阿拉伯风格。

CINEMA CITY
MAX
CINEM

CINEMA CITY
CINEMA CITY
CITY

贵宾厅
VIP LOUNGE

贵宾厅的设计灵感来自对具有异国情调的阿拉伯和土耳其绘画作品的解读。这些绘画作品出自古典大师让-奥古斯特-多米尼克·安格尔（Jean-Auguste-Dominique Ingres）和法国东方主义画家阿德里安·亨利·塔努克斯（Adrien Henri Tanoux）之手。整个空间充满了性感和兴奋的氛围。

超越未来

BEYOND FUTURE 2016

武汉是中国最具活力的城市之一，拥有悠久的历史文化和令人瞩目的成就，以及对科学和科技的激情。例如，2012 年 3 月 2 日在武汉举办的一场关于已故理论物理学家阿尔伯特·爱因斯坦的国际展览，瑞士驻华大使馆和伯尔尼自然历史博物馆展出了与这位德国出生的科学家相关的 200 多件展品。实际上，武汉在科技综合实力方面位居中国第三，而武汉经开永旺梦乐城正处于这座充满科技与商业气息的城市中心。在武汉市中心全新的永旺梦乐城中，中影建成了它的标志性影城，并成为可代表武汉兼具未来意义和文化意义的新地标。灵感来自俄罗斯“建构主义”和意大利“未来主义”的哲学：瑙姆·嘉博（Naum Gabo）、阿里克·利维（Aric Levy）、沃夫冈·查佩尔（Wolfgang Tschapeller）的原创作品；以及来自亚力克斯·嘉兰（Alex Garland）的《机械姬》等最新科幻电影意象的启发，设计师为新型电影院创造了一种独特的视觉，将观众带入超越时空的旅程。这个主题被称为超越未来，有着源自科幻小说的原创思想，充满从哲学、科学和艺术中借鉴的更深层意义。

8
7
5

China Film
JOURNEY
WEST

2
JOURNEY
WEST
7

IMAX
THEATRE
TRON
LEGACY

未来伊甸园

FUTURISTIC EDEN 2010

未来伊甸园象征着未来最复杂而美好的城市生活，所有的城市都在 21 世纪经历了最深刻的变革。深圳 UA 是一座迷人的花园。它是利用抽象景观创造出来的，而这些元素来源于历史上一部著名的神话——伊甸园。影院以参数化和有机的设计理念为创作基础，呈现出一个人们从未体验过的实体影院。设计的目标是创造一个象征着娱乐新时代黎明的影院，以迎合深圳这个国际化的“未来之都”。

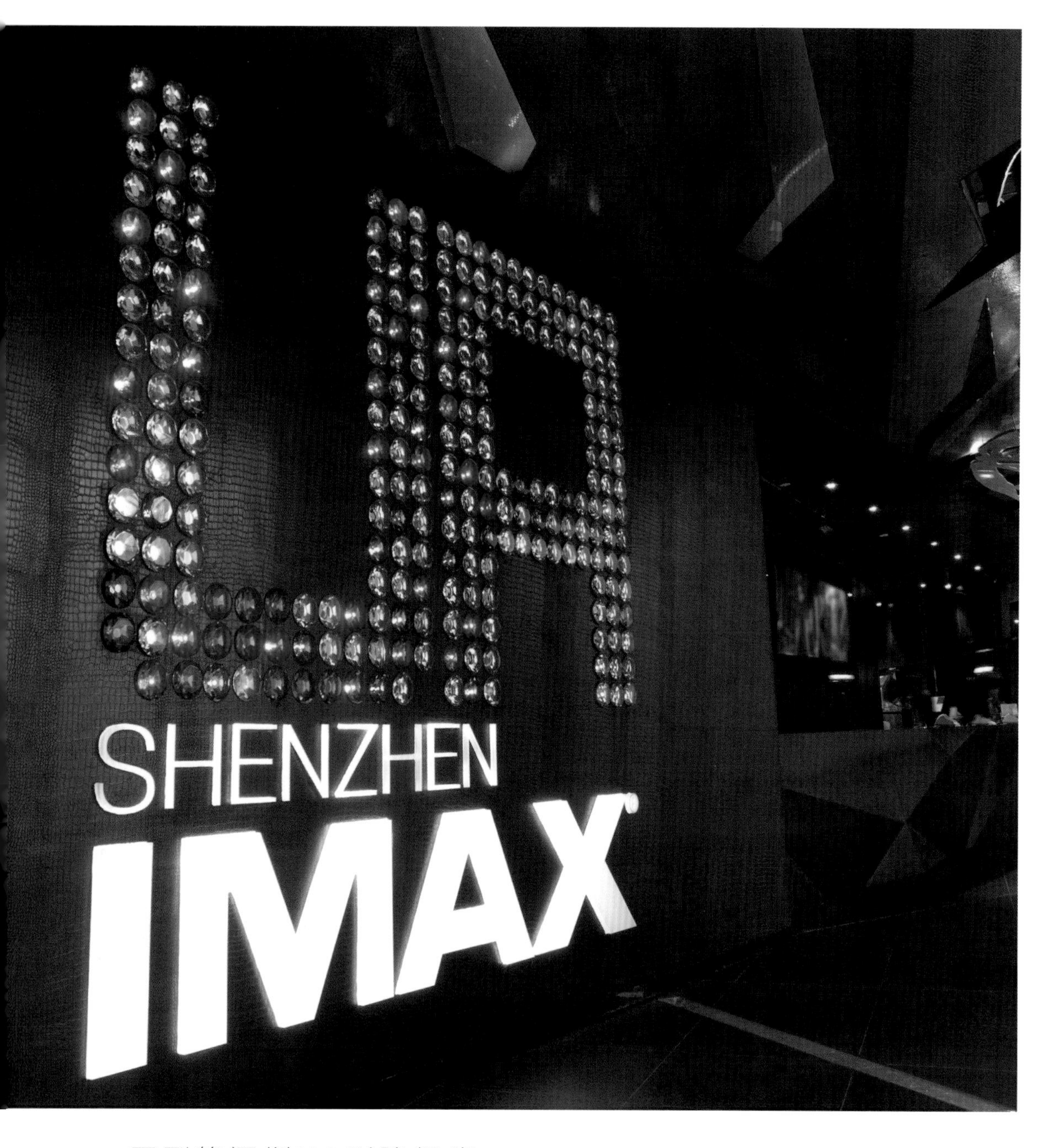

巨型的深圳UA影院标志

GIANT UA SHENZHEN LOGO

巨大的标志创造了一个视觉焦点，标志着通往未来伊甸园的奇特之旅的开端。

鳄飞售票处与娉娉吧

CROCODILE BOX OFFICE & PINK PINK BAR

从苹果树枝下进入，人们会注意到左侧由钻石制成的巨大的UA标志反射出耀眼的光，为这家“未来”电影院营造了新颖而华丽的氛围。大厅中心是鳄飞售票处，右边是娉娉吧。

诱道
ANACONDA TUNNEL

诱道是深圳UA影院的核心特征之一。玻璃天花板被装饰成类似巨大蛇形的图案，有红色和紫色两种颜色。诱道两边都设有黑色玻璃墙面，让人联想起电影情节中神秘而诱人的旅程。电影放映厅内在设计上同样具有戏剧性，墙壁上有醒目而性感的特色图案，暗示着被称为亚当和夏娃的男性和女性体。

彩迷宫与彩蝶 IMAX
HOUSE OF SERPENTINE & BUTTERFLY IMAX

VIP 影院彩迷宫墙上的图案由伊甸园故事中最著名的角色——魔蛇组成。深圳 UA 影院最吸引人的无疑是它们独一无二的 IMAX 剧院，名为彩蝶 IMAX，剧院被设计成了蓝色巨型蝴蝶，格外博人眼球。

蝶兰轩盥洗室
ORCHID POWDER ROOMS

深圳UA影院设有蝶兰轩盥洗室，它称得上是众多电影院中设计较新颖的洗手间。这些黑白相间的洗手间偶尔会放置兰花，它们以优雅的方式为这些功能性设施增添了一点儿雅致。

精品酒店电影城
CINEMA AS HIP HOTEL 2009

全新多元化的、近乎完美的 IMAX 影院位于尖沙咀国际广场的中心，办公面积为 55 742 平方米，是一栋屹立在九龙弥敦道的零售馆和娱乐综合建筑。尖沙咀为游客提供这座城市内最豪华的国际奢侈品牌高端购物场所。在这里，人们漫步在旗舰店内，接触来自世界各地的游客的多元文化。

UA
iSquare
IMAX
THEATRE

首饰盒
JEWEL BOX

受到豪华酒店和珠宝专卖店的启发，UA国际广场通过在两边都镶有金色马赛克地板的“珠光宝戏”售票处引入一系列巨大的古典门而备受欢迎。

“首饰盒”被改造成礼宾式的接待场所，客人在此享受服务时，仿佛置身于珠宝精品店的玻璃宝石展示柜台之中。用于播放最新电影预告片的巨大电子屏幕被镶嵌在一个巨大的、有着仿古金框的椭圆形镜面中。内墙衬着皮革和毛皮，并为一次魅力无限的独特电影体验提供了难忘的开端。

UA
i square

UA
iSquare
IMAX

游园惊艳
THE GARDEN ROOM

所有空间中最宏伟的是位于七层的游园惊艳。这里是一个贵族音乐厅，里面有巨大的柱子和华丽的大门。装饰性的镶边门廊置于隆起的平台上的柱子之间，类似于宏伟豪宅的门廊。

相邻的墙壁衬有暗镜，叠加了一层有着巨大花纹图案的垂直绿化装饰。特殊的吊灯从镜像的天花板凸了出来。

黑白玲珑
BLACK AND WHITE BAR

小卖部上方被构想成一个漂浮在上空的巨型抽象的白色珍珠集合体（也像爆米花），柜台下面由巨大的黑色“鱼子酱”构成。墙壁上，在紫色玻璃板上绘有超大古典图案。

尊贵咖啡厅
VIP CAFÉ

花园的尽头是尊贵咖啡厅，咖啡厅墙上装饰着抽象的鹿和一排葡萄酒架。这个舒适和亲密的空间为客人在电影开始前，提供了愉悦的体验。

IMAX 影院及其他影厅
IMAX AND OTHER CINEMA HOUSES

电影观众穿过染成勃艮第红，由皮革镶制的特定门进入电影院，一旦进入，就能看见巨大的背光佩斯利图案悬挂在礼堂的两侧，如同浮雕宝石。墙壁涂着深巧克力色和深红色，搭配黑陶土色和绯红色等色彩鲜艳的毛绒座椅。

IMAX 影院
IMAX CINEMA HOUSE

2009—2010年，这间蓝色的IMAX影院因为电影《阿凡达》，成为全球票房收入最高（4 000 000美元）的IMAX影院。

数码天林

DIGITAL SKY GARDEN 2013

位于北京市的中影国际影城，被设计成有未来娱乐感的展柜，其设计灵感源于表现艺术形式的抽象与自然之美。电影不仅被公认为是艺术的最高形式之一，也被称作是空间设计初创灵感产生的主要源泉。从发展来看，这个独特创新的电影院拥有 8175 平方米的面积和 2262 个座位。在北京，它已成为电影观众眼中新世代电影院的代表。

小食部
SNACK
BAR

天林售票处及小卖部
SKY BOX OFFICE & SKY BAR

抽象的巨型树状结构成为电影院的一个标志性象征。在"树"的根部是处理票务的天林售票处和提供小吃的天林小卖部。大厅中央呈现在面前的是一个多用途的广场，广场可以改变功能以举行大型电影首映礼，可以容纳成百上千的名人和媒体宾客。影迷们可以从楼上的阳台观看他们的偶像。

数码天林
DIGITAL SKY GARDEN

数码天林在白天是白色的，位于一个巨大的3D电影院台阶座位下的空隙中。数码天林结构在入夜后被多彩的灯光照亮，为这三维空间创造了完全不同的氛围。

爆爆天花板
BIG BANG CEILING

在进入电影院之前，宾客们都可以从左边的花花吧或右边的爆爆吧购买零食和饮料。柜台和柱子的设计灵感来源于天体物理学中通过虫洞的时间之旅的概念。天花板上多样的元素好像是在深蓝色空间中发生的爆炸，暗示着宇宙的起源。

钻石竹林

DIAMOND BAMBOO FOREST 2014

设计灵感来自四川省青翠的竹林的成都国际金融广场（IFS）的新电影院是一个抽象的魅力花园，金钻和刻面棱镜镶嵌在充满未来感的白色世界里。这个独特的空间用一种全新的方式来诠释一个竹园的形式和美，其中纯粹的几何形状与鲜艳的色彩交融，形成了一种强烈的感官感受。

金钻售票处及小卖部
DIAMOND BOX OFFICE & CONCESSION BAR

由金钻售票处及小卖部走到白雪喷泉(双层高度的巨柱)，搭乘旁边的金叶电动扶梯，可以到达阳台楼层的白玉竹台，这里可以俯瞰整个双层高度的空间。

IMAXAMI

IMAX
IMAX

黑白切面化妆间

THE BLACK & WHITE FACETED POWDER ROOMS

现代艺术博物馆影城

CINEMA AS MUSEUM OF MODERN ART 2010

自1985年以来，UA院线已成为香港最流行的连锁影院。2009年，影院管理层试图在太古城改造他们的电影院，为香港岛东部居民努力打造一个真正原创并且独特的名胜。它提供了一种将多元化电影注入现代艺术博物馆的全新体验。除了满足这个目的外，院方还希望与当地的国际艺术家合作，通过将现代艺术融入这个充满活力的家庭枢纽，使电影院变成整个家庭的教育工具。通过努力，电影为公众提供的已不再只是普通的电影娱乐体验。21世纪的艺术不再只是视觉刺激，而是由光、声音和动作共同组成的感官体验。在这方面，电影院本身就是一种现代艺术形式，同时也能为公众带来感官的享受，"终极"更是现代艺术最强大的形式之一。

"电影位于生活
和艺术之间。"

让-吕克·戈达尔
Jean-Luc Godard

OYSTER³小卖部与餐厅
OYSTER³ BAR & RESTAURANT

这里的设计灵感来自极简艺术家唐纳德·贾德（Donald Judd）的作品，白色的售票处是由一系列白底色和白色图案的"盒子"以及米白色"盒子"构成的，这是受到美国波普艺术大师埃德·拉斯查（Ed Ruscha）的启发。地板则是受现代抽象派画家弗兰克·斯特拉（Frank Stella）的启发。与售票处相对的是一系列水平排列的等离子电视，以"信息艺术"的方式宣传最新的电影。小卖部名为赤的诱惑，引导人们走向拐角处的电影院餐厅Oyster³。Oyster³的空间是美国抽象艺术家巴内特·纽曼（Barnett Newman）的著名画作《亚当》的三维表现，它充当餐厅或小卖部，为电影观众提供室内用餐服务或外卖的零食和饮料。

艺术廊
GALLERIA

这个充满艺术感的电影之旅以一个中间满布自然天窗的空间延续着，受到唐纳德·贾德的雕塑所启发。阳光明媚的画廊充满了反光盒子，这些反光盒子可以不时作为艺术作品的展陈台或被简单地用作长凳。在阳台一侧俯瞰整个艺术廊，刷着饰面混凝土的细长的Y形柱竖立着就像树的骨架。艺术廊将是最佳的电影首映和其他特殊活动进行的场所。而“金鳞点滴”的天花板灵感则来自拉里·彭斯（Larry Poons）的绘画作品，在导演俱乐部（the Director's Club）的前面创造了一片有趣的“芳草天空”(Vanilla Sky)。

15
14
13
12
11
10
9-11
10-12

水云阁大堂

爱丽丝梦游仙境
ALICE IN WONDERLAND 2007

主题设计几乎已经发展成了对梦和幻想的研究，对于当今正在接触日益体现出一维风格的其他当代电影院的观众来说，这家电影院预先为他们考虑到了潜在的多重寓意。在这里，电影院是他们自己真实的个性化版本，我们称之为基于梦境的纯超现实主义，甚至称之为童话故事也是可以的。

兔洞与森林之瞳
RABBIT HOLE & EYE-BALL COLUMN

从巨型欧普艺术UA影院标志开始，到巨型森林之瞳作为播放电影预告片的电视屏幕，观众可以通过主入口处抽象化了的爱丽丝梦游仙境中的兔洞进入充满刺激的世界。在六种明显不同的空间体验中，既有异想天开的视觉效果，也有怪诞和前卫的多重演绎。主厅门厅和包厢用红色的镜面展示了一系列的栏杆、楼梯和柜台。这些元素被非物质化为一系列自由伸展的垂直和水平的木材条带，条带交织在一起，在这迷人的绯红色花园内伸展。在这里，天花板向下弯曲，形成四个几乎触地的白色漏斗，放置现在已经完全数字化的传统的电影海报。这四个“漏斗”悬停着，准备着在下一部电影“起飞”的同时，在火红的地毯上方铺开热烈的光池。

水云阁
LIQUID BAR

走上台阶，顾客来到了水云阁，这是一个超现实的"梦境"，在一个如深蓝镜子的海洋里有着专配的地毯。在这里，视觉图标是墙上发光的巨大UA标志，映射在颜色不断变化的半透明玻璃地板上。在天花板上，虚拟树木的木条继续自由伸展，带领我们的电影观众到达他们的最终目的地——由巨大的银色鹅卵石标牌装饰着的电影厅。进入之前，在一侧有着蛇形小卖部柜台的水云阁会诱使观众去喝饮料、吃爆米花。它们都显示在一面有着交通凸面镜的墙下，这些镜子就像银色气泡，映射着对面巨大的UA标志。这是按高度程式化的风格设计的，不像一般型格酒店（Hip Hotel）的酒吧（孩子们会喜欢这个笼统的说法），"酒吧"让每个人的行为看起来像在俱乐部里的成年人。然而，在水云阁是不卖酒的。事实上，没有人能找到比静静地飘浮在酒吧上方的白色"棉花糖云"更与世无争的东西。

梦想殿堂
DREAM CHAMBERS

每个电影院都是一个有电影主题的梦想殿堂。从"地狱变"开始，人们可以想起但丁的史诗或丰田章男（Shiro Toyoda）1969年的电影杰作，仲代达矢（Tatsuya Nakadai）称之为"地狱肖像"（或日语里的Jigokuhen）。但在这里，影厅深深地沉浸在热烈的红色中，唤起我们内心深处最强烈的情感。

回溯到奇幻花园的主题，魔幻森林是一个对斜线抽象的研究，斜线暗射了树形和早期的表现主义。土褐色调是温暖而有机的，这与横穿墙壁表面的干净利落的线条形成很大的反差。

白洞
WHITE CAVES

白居

HOUSE OF WHITE 2012

这位客户是一位非常著名的电影导演。顾客要求，空间在任何时候或以任何方式都不能阻碍他的创造力。为了展示他精湛的艺术作品，无论是具体的还是抽象的，包括先锋派的艺术作品，设计师所采用的方法都是创造一个大自然的抽象解释。自然本身是复杂而多层次、具有功能性和功利性，同时又是如此纯粹和优雅的。举个例子，弧形玻璃座椅壁龛位于一个隐藏的空气净化器之下，在这里可以吸烟。白居不仅仅是一个家，也是一个俱乐部或博物馆。整个空间尽可能地利用日光，事实上，每个地方看上去都仿佛是在自己发光。这是一个令人惊叹的体验空间。

白色独白

白色的入口，
更白的空间，
最白的房间，
一个人进入一片光明。
又或许更多，
鸡蛋？鹅卵石？或是一块肥皂？
下或是上？
前或是后？
外或是内？
在这里，没有什么能被预定，
形式与空间可以自由地解读，
模糊是自由最伟大的形式。
去探索自由，
探索心与灵魂的自由，
一个人带着笑而哭，
或流着泪而笑。
最后，
他会发现一个人真实的情感，
真实的自我，
并回到时间最初的起点。

“所有颜色中以白色为首……
没有它作为主体，将看不到其他颜色。”

列奥纳多·达·芬奇
Leonardo Da Vinci

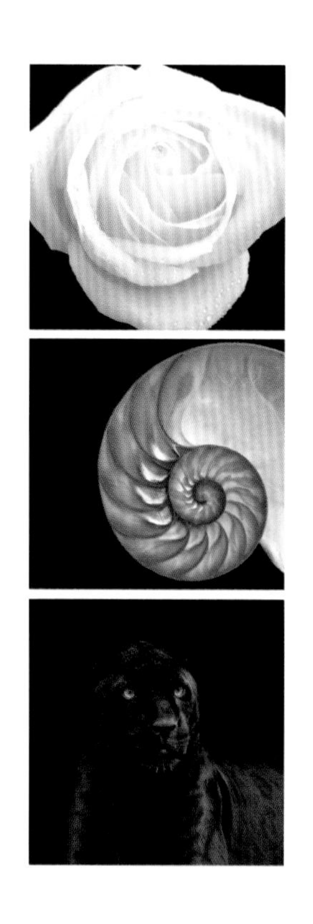

金瞳

GOLDEN EYE 2013

豪宅一般都是财富和权力的象征，有些甚至有点像博物馆。这座位于中国江苏省，三层，437 平方米的名为金瞳的房子，首先是一个豪宅，但更重要的是，它涉及空间的复杂性，简单的设计元素相互交织，几何模式策略性的布置暗示了微妙的信息。结果就是一个多维度的家庭，随着人们的生活逐渐显露出来。这里深受欧洲电影的影响，例如 1962 年意大利经典电影《Boccaccio '70》中，马里奥·莫尼切利以二战后意大利为背景拍摄的"伦佐和卢西亚娜"(Renzo e Luciana)。就像意大利电影一样，金瞳是一首光线和阴影的颂歌，一种运用白色、金色和高光泽木材的明暗法打造的空间。它明显是意大利的风格，像 20 世纪 60 年代的简约线条和为了避免过度而高度限制的调色板的结合，我们称之为冷酷的激情或抽象化魅力。

门厅

THE FOYER

高光泽木材的垂直百叶窗充当有着超光滑垂直元素的现代屏障，以视觉引导访客从底层入口大厅进入被高度控制的豪华空间。

电影魅力
CINEMATIC GLAMOUR

生活区可能是最令人印象深刻的空间：高悬的天花板，青铜色的墙壁，对称与不对称的并置。进入空间体量，一个简单的意大利浓咖啡色调窗帘将地板与天花板连接起来。然而，一转身，人们却看到了完全不同的故事。这里有复杂的模式，如有着黑白牡丹图像的不对称壁炉——参照了自然形式中比例的完善和形式的演变。“符号胜于言语”，在整个房子里，黑白照片中展示出类似棱镜的元素，这些强有力的图像有着超越我们当下理解的意义，有着深层次的复杂性。

玻璃厨房
THE GLASS KITCHEN

在大多数住宅设计中，厨房通常是隐藏的或是完全显露的。在这里，玻璃厨房的设计方法是用一个不太明显的方式逐步呈现厨房。厨房安置在入口门厅旁，简单而低调，隐藏在一系列优雅的木制百叶窗后。百叶窗有着明亮的光泽，水晶玻璃在最后角落处弯曲成形。

兆日华庭

SKY LIVING 2009

兆日华庭位于香港南区，由诺曼·福斯特 (Norman Foster) 设计，被称为贝沙湾的著名地标住宅。在这个豪华室内设计配以观海视角的环境中，人们仿如置身于高空中的私人飞机。在白天，兆日华庭室内被透过顶层窗户的阳光照亮。

一个优雅的古典吊灯作为中心摆件，挂在由芬兰籍美国建筑师埃罗·沙里宁（Eero Saarinen）设计的现代杰作郁金香餐桌和椅子上方。超现代香槟金色金属框架镶嵌着天然魔鬼鱼皮，设计师运用现代手法，通过古典变奏增加层次，完成这一个独特的豪华空间。

LUXURY HOUSES
ARCHITECTURE INSPIRATIONS
FORNASETTI
ANGKOR

方舟
THE ARK

这间卧室因一个叫作方舟的创意阁楼床以及超高的天花板，而极具特色。方舟把房间改造成一个非常原始的空间，在这个阁楼床下面是一系列浅色的木架子和衣柜。大工作台区域限制了这个功能性的动态空间的边界，加上埃姆斯的埃菲尔椅 (Eames' Eiffel Chair) 和酒吧高脚凳共同成就了其外观。

格鲁吉亚玻璃扶手梯的现代演绎

空中酒廊

SKY LOUNGE

酒吧前的玻璃门引领我们来到宏伟的空中酒廊，完美的天井让我们沐浴在阳光下，或沉醉于星空下精致的红酒美餐中。

美术之家

MAISON DES BEAUX-ARTS 2011

客户是中国蓬勃发展的电影业中的一位领头演员，这里就像是电影大亨的天堂，是与亲朋好友共度美好时光的地方。这座双子公寓有着令人叹为观止的港口景观，使它成为节庆期间观赏烟花的最佳地点之一。因为客户是一位热衷于收藏世界大师创作的价值连城的艺术品收藏家，所以这座公寓仿佛是一个内藏迷你罗浮宫的迷人亚洲好莱坞。

American Style
ARCHITECYURE IN THE
OODLIFE
SENCE OF LIVING
DESIGN 18

白玉

WHITE WINDSOR 2013

设计目标是在中国创造一种超奢华生活空间或高尚生活空间，甚至是皇家生活空间。因此，这项设计是从对世界各地皇家住宅的研究开始的，设计师希望用一种稍微不同的叙述，重新诠释奢华生活。

在完成相对纯色的金瞳之后，为了表达对色彩的尊重，白玉的设计走向了完全不同的方向，即以简单的白色和金色为基点，鲜艳的色彩如花儿绽放一般逐渐浮现。

红色作为东方的象征

红色不仅是象征东方的颜色，也是象征天伦之乐的温暖颜色。

逸宇

CASA D'ORO 2013

逸宇是另一个色彩丰富的住宅，布满了具有象征意义的艺术品和摆件，这些艺术品和摆件都是精心挑选并有计划地放置在房子里的。入口门厅和开放的餐饮区都装饰着充满活力的抽象画作，强化了奢华生活的主题：温暖而迷人。

双层高客厅是宽敞、通风的，温暖的紫红色天鹅绒沙发和喇叭形吊灯，形成了有着复古感的空间。壁炉上方是一面点缀着抽象雕刻金叶的墙，象征着光明的生活。

客户分别来自美国和中国，他们有着强烈的愿望去创造一个特殊的场所。这个场所需要的是他们的思想、身体和灵魂的微妙反应，与他们的文化传承相关联。这里体现了纯朴的风格，表达了客户对丰富多彩的现代艺术品的偏爱。客户独特的眼光显示出对多元文化的生活的热情和向往。

拥抱生活

HOUSE OF EMBRACE 2008

设计策略是建立在空间秩序和流动感的基础之上的，或者说是通过一系列曲线和直线的平面运动，隐喻对公寓已有数据的回应与同步更新。除了与正交墙形成直接对比外，这些曲面保证着围合出空间体量的墙的连续性。从入口处的三面巨大的灰色透明曲面玻璃窗帘开始，我们被自然而然地拉进一座公寓里，在值得长期探索和充满惊喜的宜人空间里开始了一段个人之旅。

沿着下沉的天花板继续前进，人们会发现一间宽敞的会客书房，它呈现出现代版绅士吸烟室的外观，并俯瞰着城市的标志性港口。深色木书架立在房间的三面，一系列灵活性高的大玻璃推拉门可以按意愿分割空间。在这里，它们的透明度有助于在视觉上扩宽通往远处主卧室的狭窄动线。此外，这个大的会客书房具有灵活性，能在未来转换成两个较小的空间。

主卧室被最后一组由窗户和步入式衣橱的曲面墙所包围。与色彩鲜艳的生活用餐区或深色木造的学习区相对。主卧室运用了米色和浅棕色木材、地毯以及丝质窗帘。在这儿，透明的玻璃屏风代替了坚固的墙壁，使卧室和浴室之间建立了强而有力的视觉对话。

百姓宫殿

PALAIS COMMUNE

东方科幻

CHINESE FUTURA 2015

创新方（Novotown）是位于中国珠海市横琴区，紧邻澳门最新的展览馆，旨在宣扬文化、关注创新和科技。这个建筑现在被称为草立方，因为它能令人联想起 2008 年北京奥运会的比赛场馆水立方。

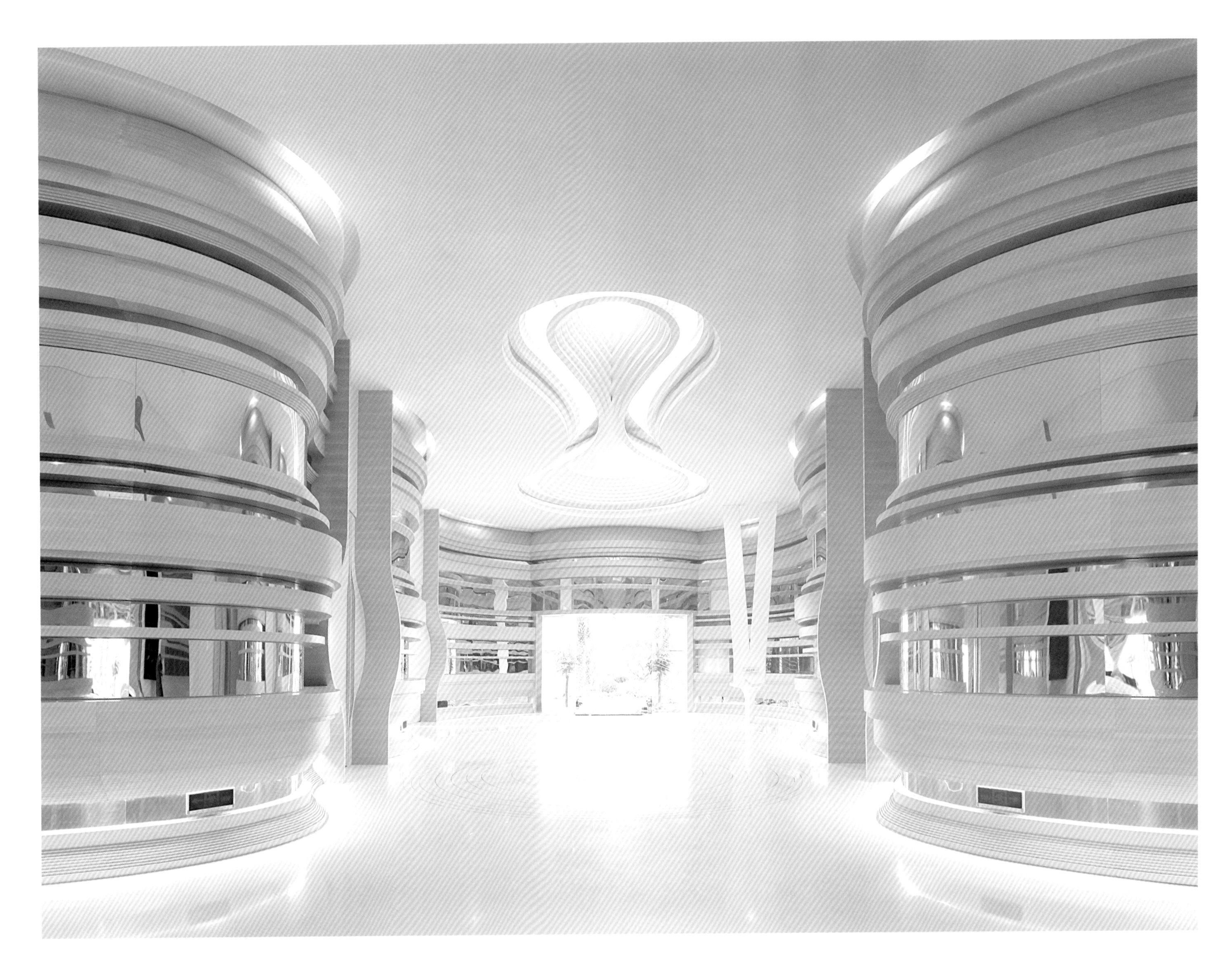

葫芦大堂
WULU LOBBY

灵感来自著名的中国传统工艺品——葫芦的设计，以及经典的中国园林设计和独特的“大开眼界”入口——灵感来自著名的科幻电影《遗落战境》(Oblivion)中约瑟夫·科辛斯基(Joseph Kosinski)设计的标志性气泡飞船。

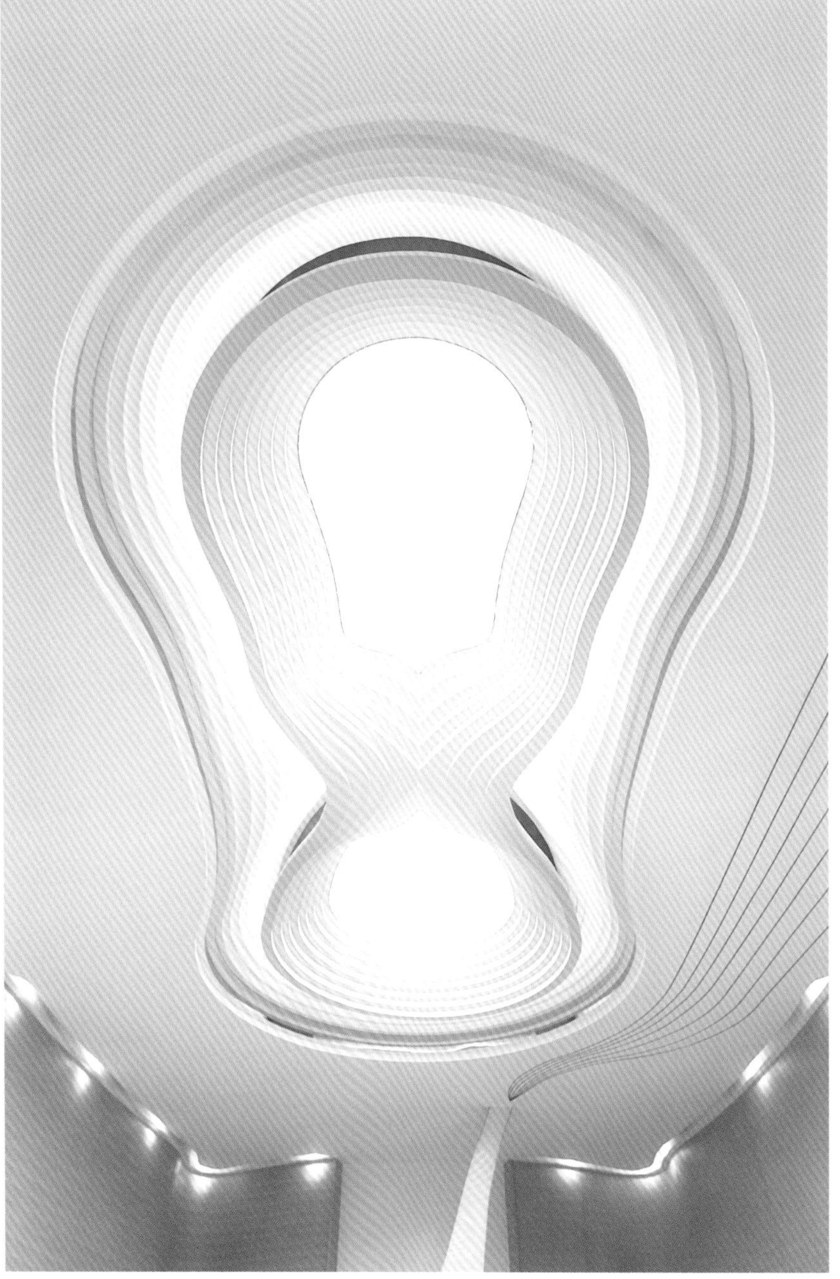

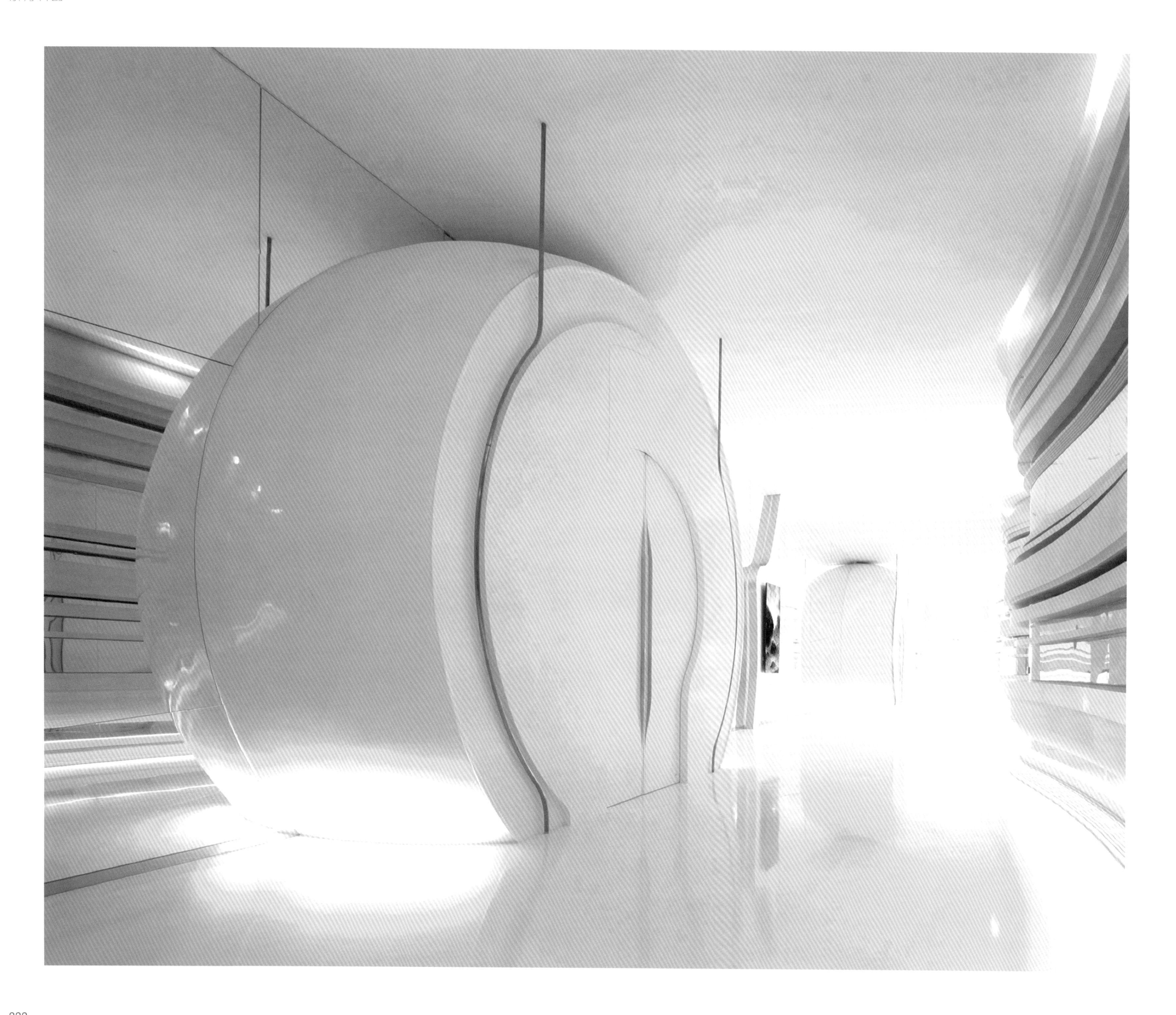

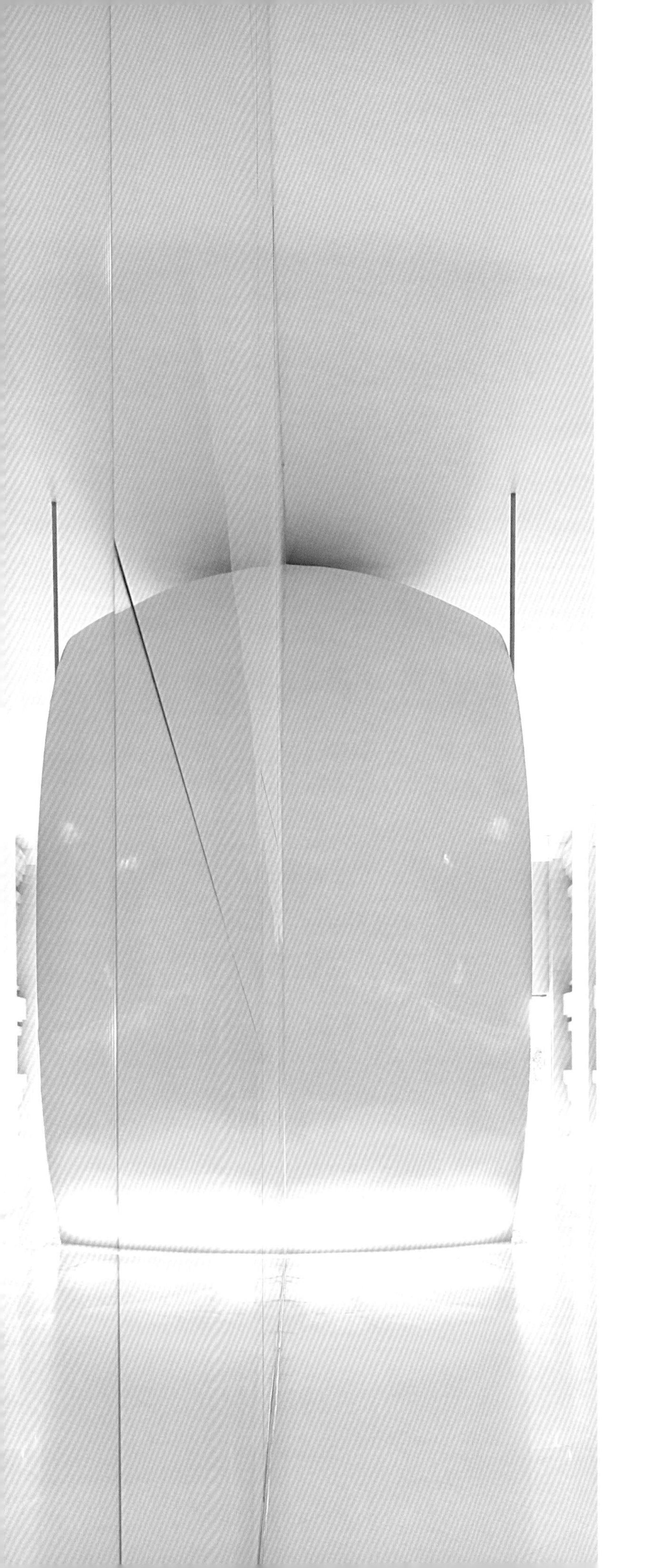

大开眼界
iBALL ENTRANCE

最具代表性的元素必定是独特的大开眼界，它受到了经典电影《遗落战境》中气泡飞船的启发。所有这一切都随着科幻造型的科幻长廊展开。

科幻流水
AQUA FUTURA 2016

一个在办公室卫生方面的突破性概念，结合了前所未有的创新特征，包括优雅、功能性、技术性和舒适性以及对约翰·索恩 (John Soane) 的室内建筑设计的微妙参考。

女洗手间化妆台 FEMALE VANITY

女洗手间储物柜 FEMALE LOCKER DETAILS

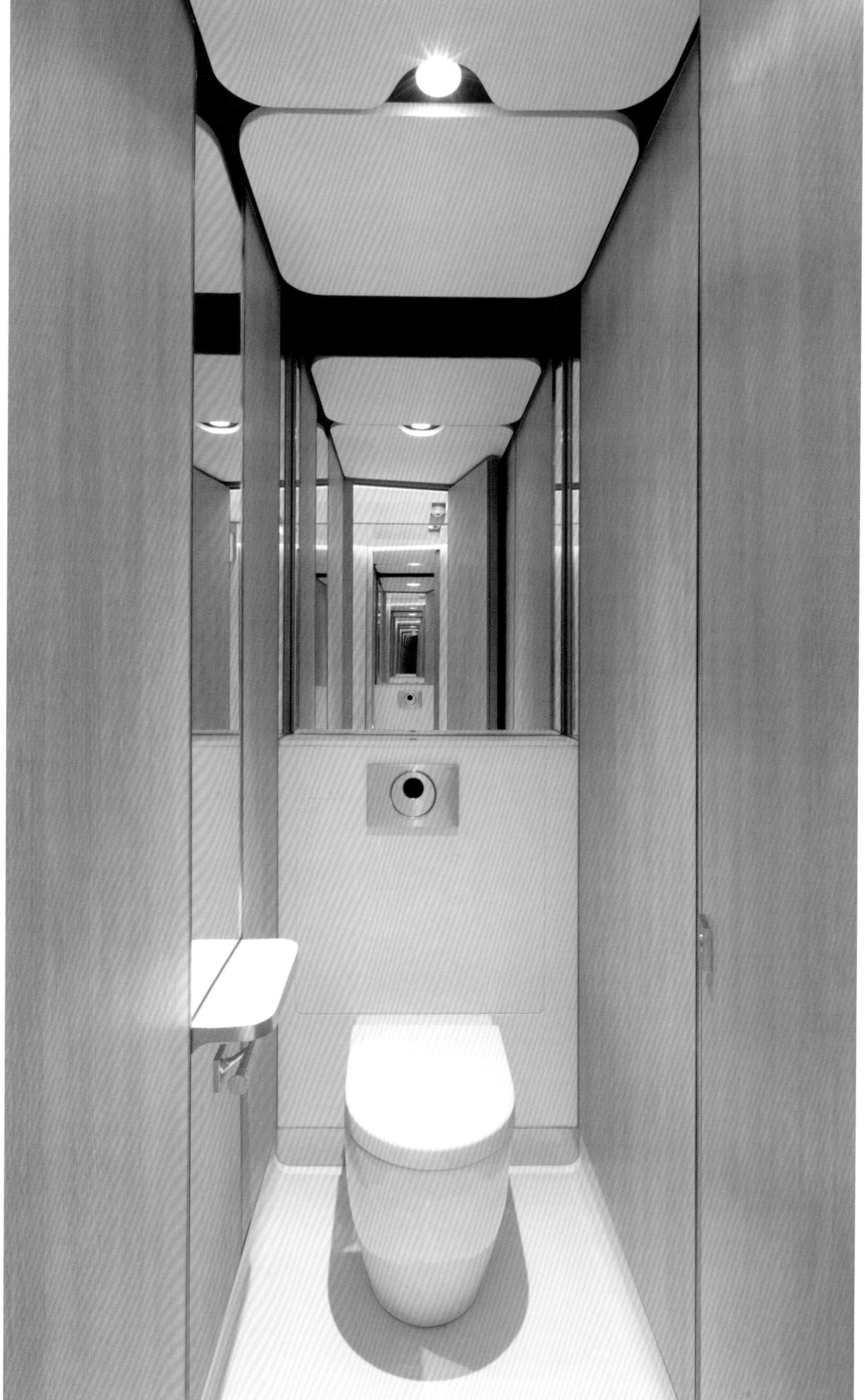

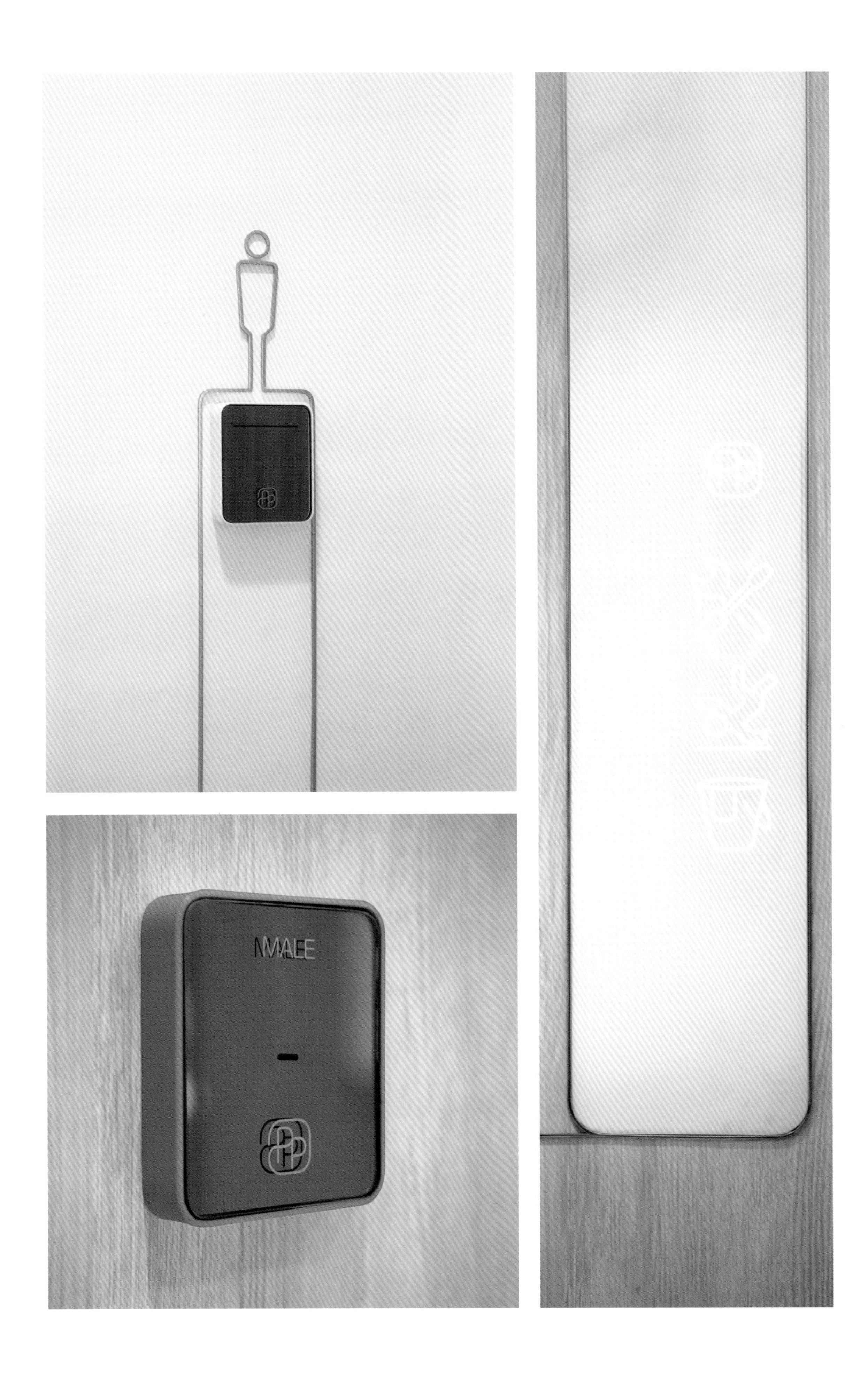

崇光百货俱乐部

SOGO CLUB 2015

自 1985 年以来，位于香港铜锣湾（相当于纽约时代广场或东京六本木）的崇光百货公司（简称 SOGO）是香港最大的（按面积）、最受欢迎（按客户人数计算）且最成功（按收益）的百货公司。SOGO 由位于城市最繁华中心地段的超过 18 层的纯购物场所组成，是本地人和游客的购物地标。百货公司以“一站式商店”“店中店”和“以客户为导向”作为卖点，在舒适的零售环境中提供令人兴奋的购物体验。崇光百货俱乐部位于 11~16 层，经营项目包括生活时尚、家居、美容和艺术廊。

秋千标志
SWING SIGNAGE

秋千形标志灵感来自于童年时代的秋千，
采用特别的间接LED照明。

星际穿越展示架与武士刀层架
INTERSTELLAR & KATANA DISPLAY SHELVES

星际穿越展示架是崇光百货俱乐部11层中独特图书馆的核心，它包含SOGO专属图案天花板、武士刀层架和SOGO专属图案地板。

最初的武士刀层架是一个复杂的零售系统，容纳并结合可调式货架、悬挂式面板、弧形玻璃展示柜和其他配件。

弧形玻璃灯箱
CURVED GLASS LIGHTBOX

这些优雅的物件具有多种功能，包括容纳巨型电视屏幕、作为海报灯箱，还可以结合品牌标志。

天花板丝带造型
RIBBON FRIEZE

可丽耐制作的天花板丝带造型以优雅和不显眼的方式描绘购物和礼品包装。

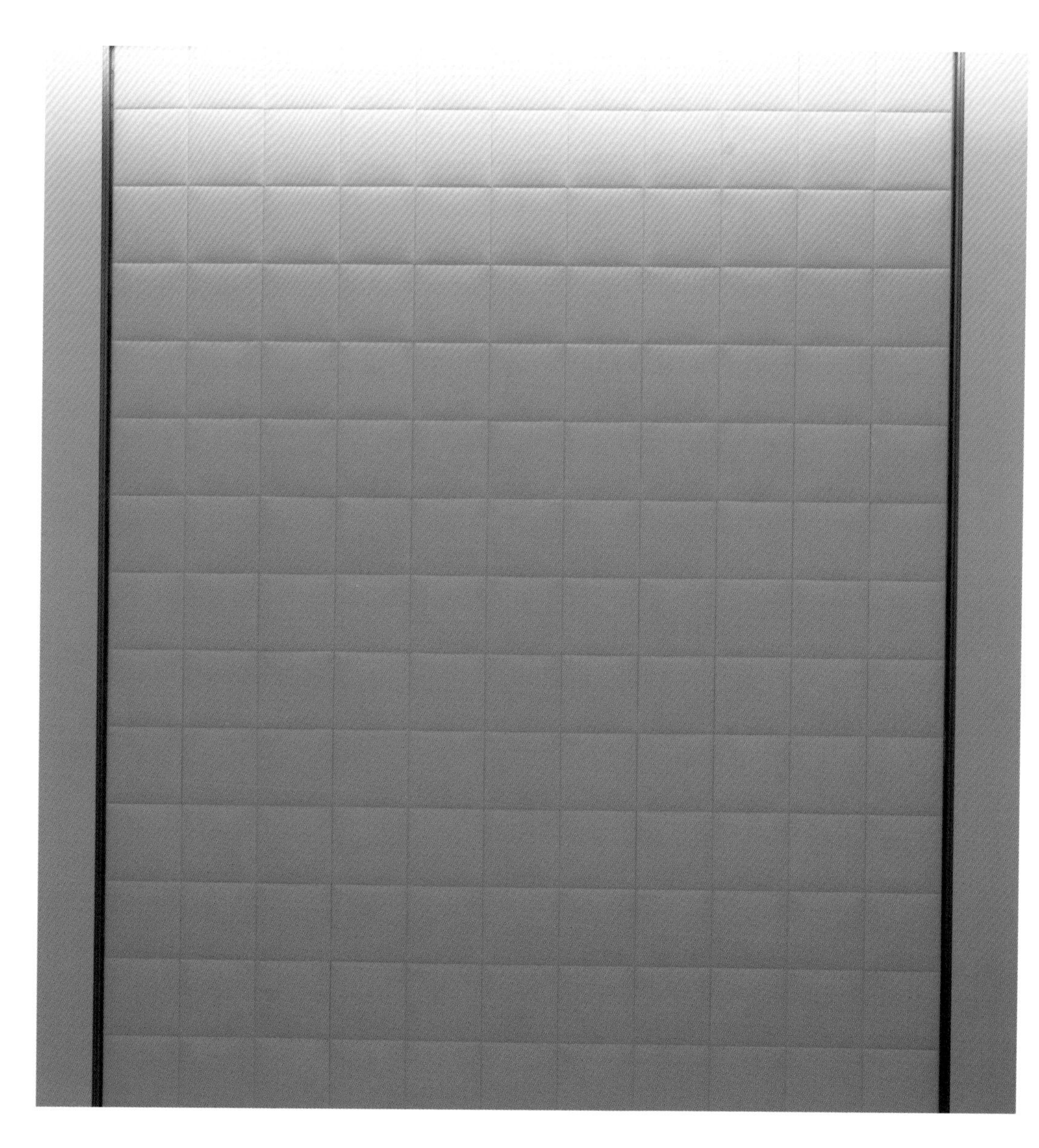

位于崇光美容区的科幻六角形巨镜
HEXAGONAL CYBER MIRROR AT SOGO BEAUTY

SK II

推
PUSH
防火門
應常關
FIRE DOOR
TO BE
KEPT CLOSED
推
PUSH
防火門
應常關
FIRE DOOR
TO BE
KEPT CLOSED

艺术廊
STYLE LOFT

玩具大教堂

TOY CATHEDRAL 2016

玩具大教堂让人联想到牛津与剑桥的哥特式建筑，其中也暗含了哈利·波特和许多其他传奇故事，如 C.S. 路易斯 (C.S. Lewis) 的《狮子、女巫、魔衣橱》，这是最适合作为位于 7 楼的崇光玩具与儿童天地这个幻想世界的一部分。

Sylvanian Families
GAME ZONE

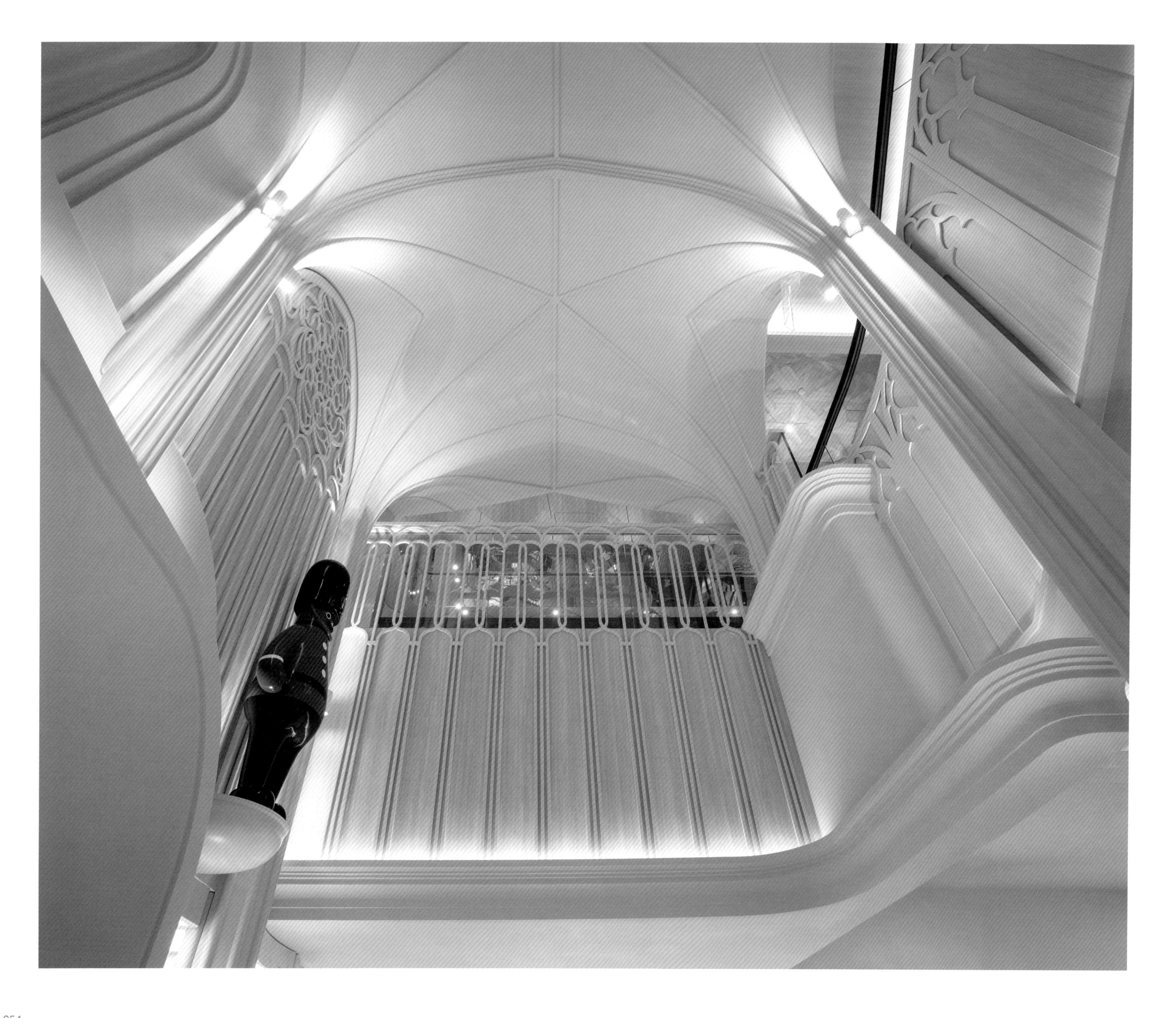

黄色巴士展示单元
YELLOW BUS DISPLAY UNIT

滑板造型展示柱
SKATEBOARD COLUMN DISPLAY

SUSHI
No.1
Galler

未来超市

MURA FUTURA 2017

日本食品一直是深受香港市民欢迎的产品之一。而崇光超市是最大的日式生活超市之一，供应日本特色食品，如寿司、刺身、和牛、清酒和其他进口食材。这是一个以美食为导向的超市，提供给人们丰富的选择，包括从日本或更远的地方直接运输进铜锣湾心脏地带的新鲜农产品。设计师意图创造出一系列独特的日本村庄街道（日文称之为 MURA)，当中包括灵感来源于日本经典便当盒的火腿奶酪金便当柜台以及月亮屏风、禅收银柜台、清酒拱廊、拱形木条天花板、野餐布图案地板，等等。

FRESHMART

HAM & CHEESE
白雪餅
請勿打開玻璃
Do not open

美食村 GOURMET MURA

& WINE

bodum
marimekko

美食文化俱乐部

CITY'SUPER CULTURE CLUB 2013

美食文化俱乐部是一个展示未来健康生活方式和高品质生活的未来媒体中心，与餐饮相结合，展示了一种奢侈、娱乐的形式。这里是展示最新美味烹饪的地方。BonAppétit！（法文：好胃口）

Culture Club
Miele

Culture Club
Cuisinart
Miele
LE CREUSET
CRISTEL

全球本地化设计村

GLOCAL DESIGN VILLAGE 2007

香港知专设计学院由一系列纯粹、抽象和透明“盒子”组成。每个“盒子”都容纳一组相关的学科，而每个“盒子”在相关学科交叉和发展自身时都拥有其独特的品质（物质性和构造）。每个“盒子”都代表着设计界中独特的工业部门，这些独立“盒子”的摆放不仅根据其在研究所的部门内具有的跨学科特性，也和现场的方向以及气候因素相关。每个“盒子”的结构大都是一个简单的梁柱结构系统，并由一面纯净材料制成的实心墙体和三面有色玻璃制成的典雅幕墙包裹。有色玻璃不仅能够最大限度地打开与外部世界的视觉联系，让自然光进入室内空间，还可以作为有色镜片让学生们重新审视自己看到的世界，从而为设计注入新的想法。相比之下，实心墙体核心锚固“盒子”包含了建筑物大部分的电气和机械设备。该系统不仅便于建造，而且具有很大的灵活性，为未来的发展提供了许多扩展的可能性。

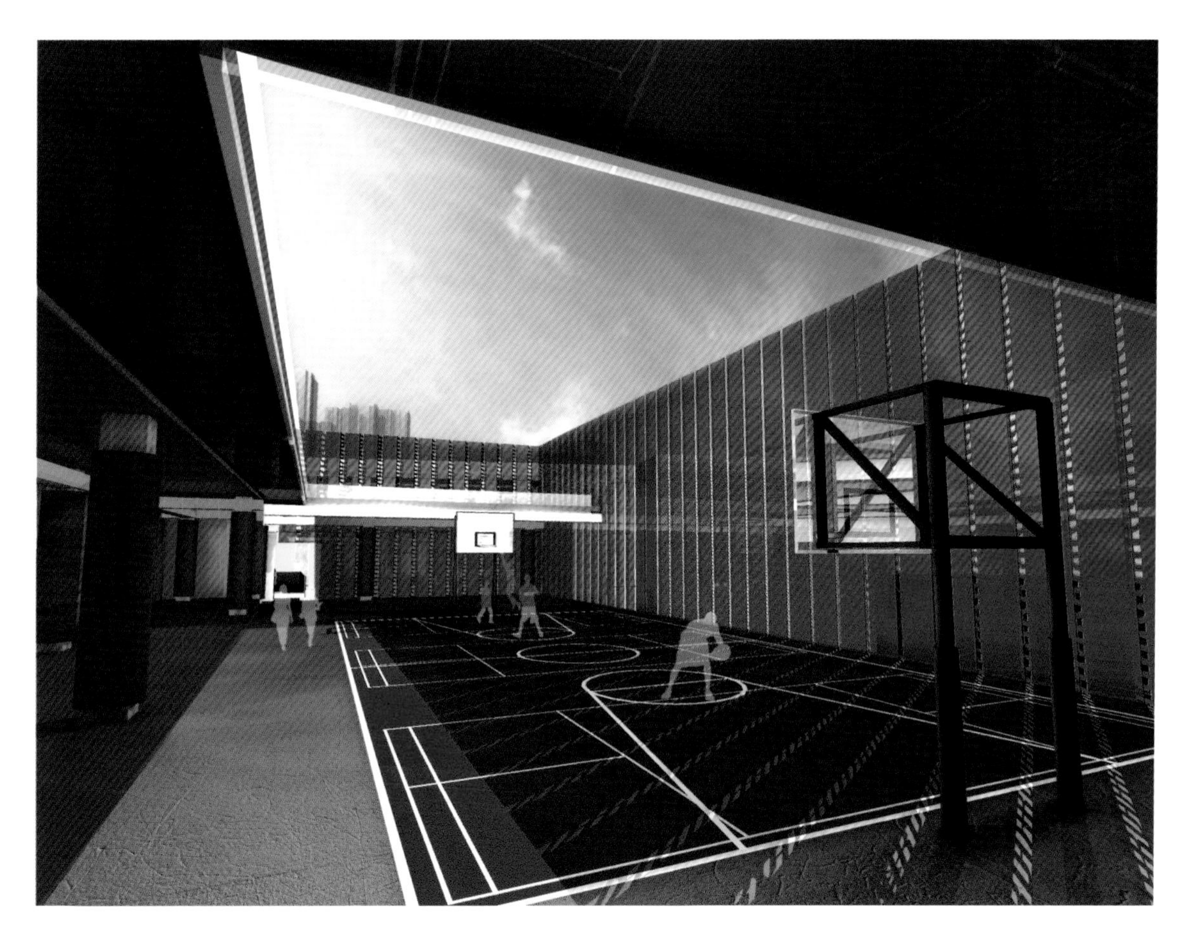

为什么是“盒子”？
WHY BOXES?

作为未来的设计之乡，这些“盒子”没有被预先设想过以简单的方式建造，是因为它们的身份不应该被预先确定。每个建筑物（每个部门）都有自主权，可以根据自己的特定需求和功能进行扩展或演变。随着学校规模的逐渐扩大，它必须持续发展和增长，定期在设计上取得突破——首先在当地进行竞争，然后在区域内竞争，最终在全球舞台上进行竞赛。这是一个智库，也是一个主要的设计和技术研究中心，每个部门都要根据自己在各自行业中的优势进行开拓。随着我们技术的快速发展，在3年内（学校开始运营时起计）或第二阶段完成后会发生的事情都是人们的猜测。因此，这些“盒子”非常纯粹且始终保持灵活，并随着时间的推移可以被转变成更精彩的东西，这一点非常重要。

这些透明的“盒子”是相互并置的，如此设计是让香港知专设计学院尽可能地相互“透视”，为不同部门之间创造积极良性的竞争机会。毫无疑问，在这些“盒子”中，革命性的设计理念将为本地乃至全世界创造价值。

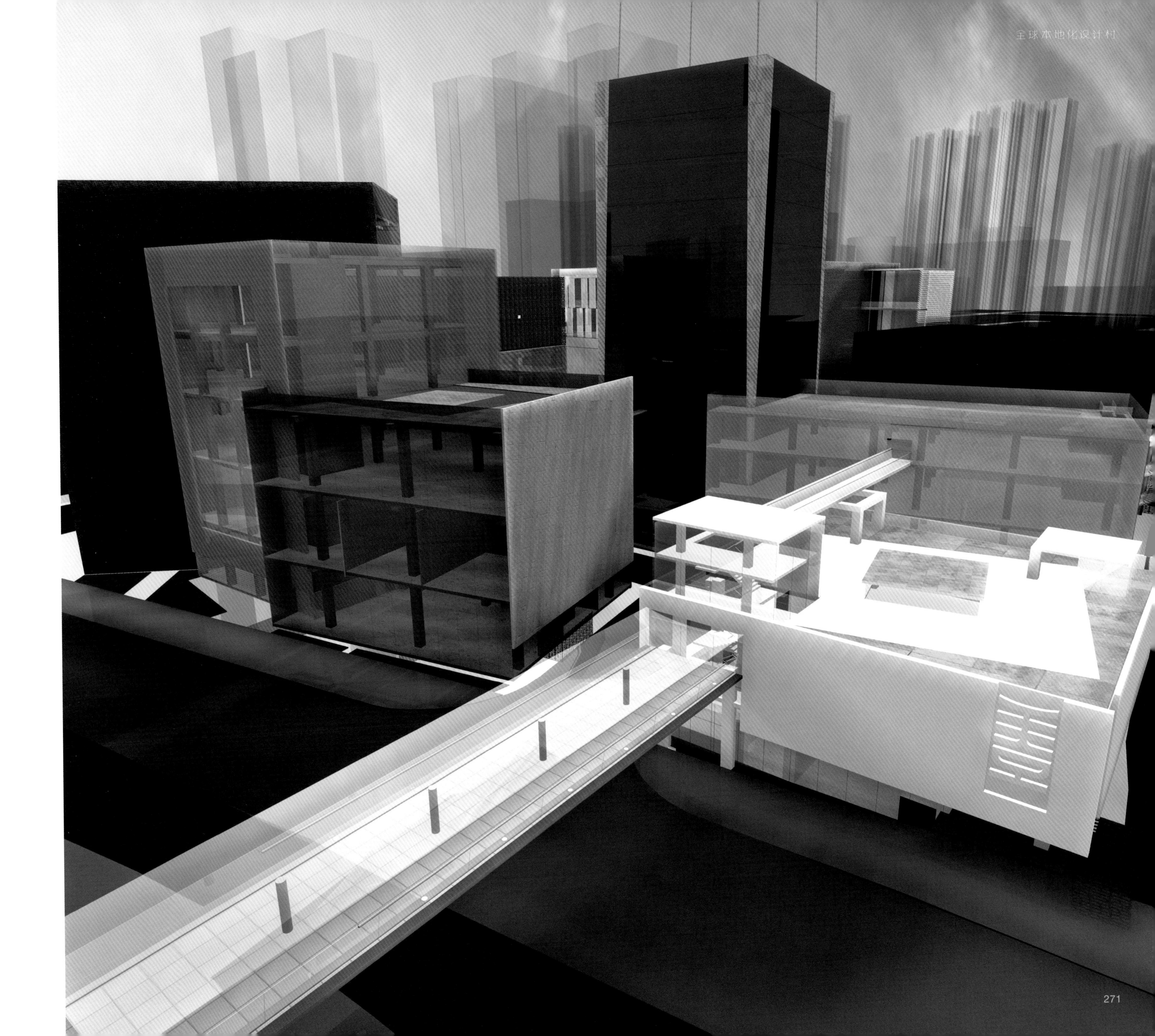

图书馆盒子
LIBRARY BOX

大自然是最理想的学习环境之一，图书馆盒子是一个具有垂直花园和瀑布功能的绿色实体，在充当自然景观之余，更成为该建筑物的冷却装置。从景岭路的美术馆盒子（Gallery Box）和家具盒子（Furniture Box）之间的主入口处可以看到一个内部嵌有戏剧性瀑布的双层玻璃幕墙。相互连接的天台花园是该机构的“天堂”。

北京三里屯精品酒店
MAISON 5 2011

北京三里屯精品酒店位于北京市最佳黄金地段之一，与三里屯直接相对。该设计的主要概念是经典未来，具有20世纪30年代纽约诺伊瑞的风格。为了成为三里屯地区休闲度假的首选酒店，酒店试图将自己定位为北京市中心举行活动的最佳场所、最佳餐厅和最受欢迎的未来生活主题住宿的地方。目前该酒店深受时尚达人和全球游客的喜爱。

项目受到葛丽泰·嘉宝（Greta Garbo）、费雯·丽（Vivien Leigh）、劳伦斯·奥利弗（Laurence Olivier）、詹姆斯·斯图尔特（James Stewart）等好莱坞传奇人物的启发，向所有客人展示了超乎寻常的排他性。在这里，精髓在于培养黑暗的性感魅力。其他灵感来自前卫摄影师曼·雷（Man Ray）和具有影响力的俄罗斯籍美国哲学家兼小说家艾因·兰德（Ayn Rand）的图像，这些巩固了北京三里屯精品酒店在北京成为最成熟热点之一的地位。

MAISON 5

MAISON 5
MAISON 5

MAISON 5

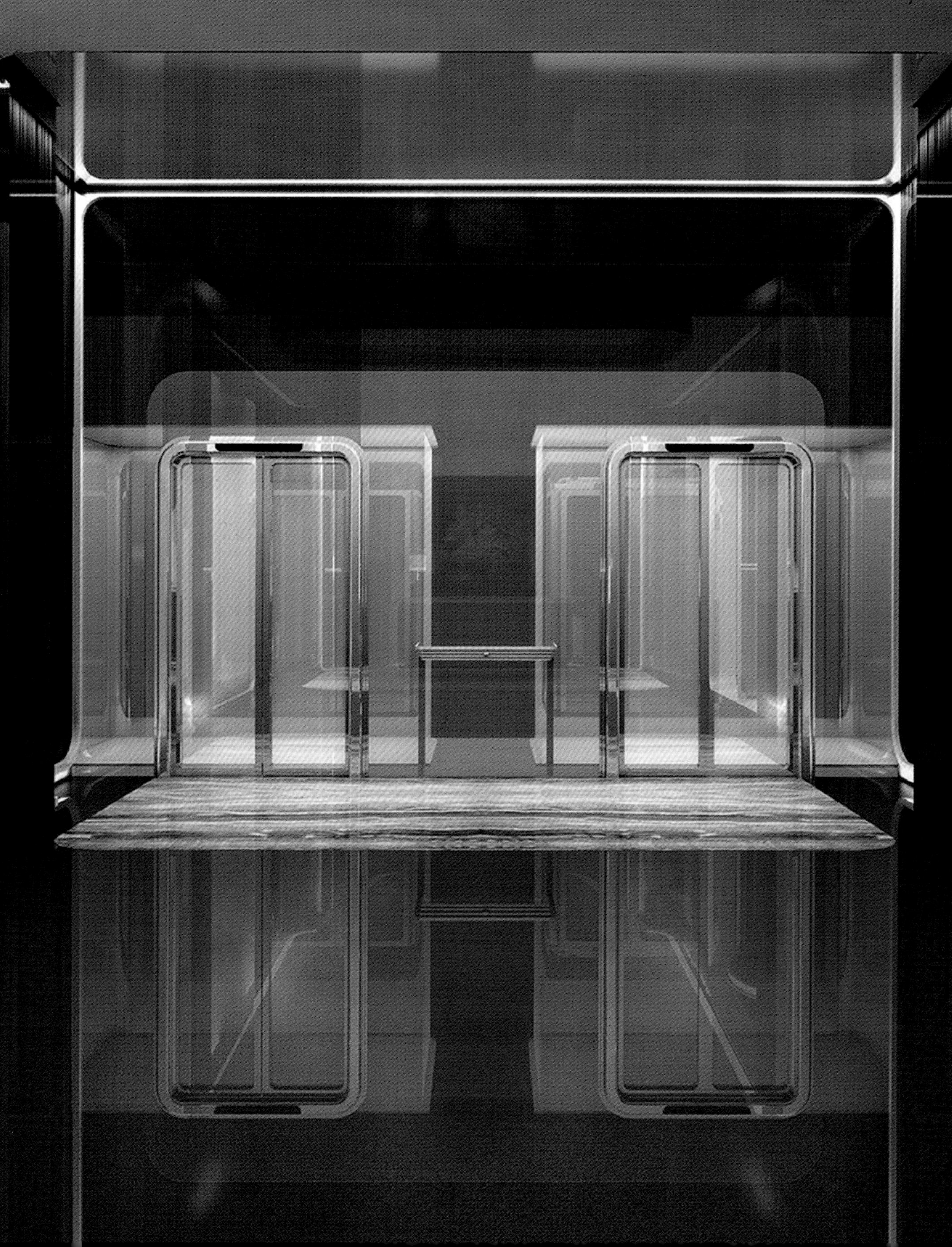
MAISON 5

BANQUET HALL

BANQUET HALL

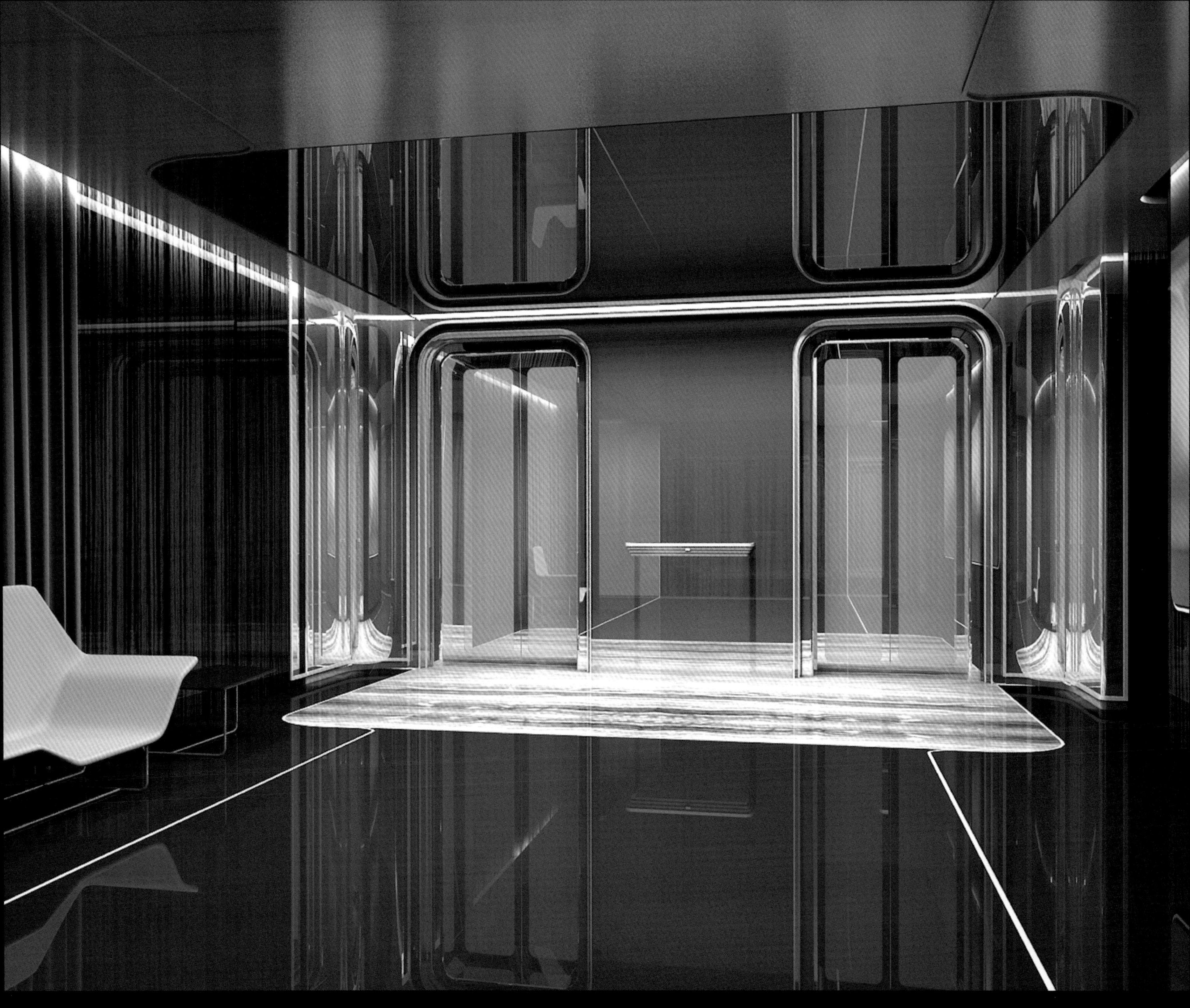

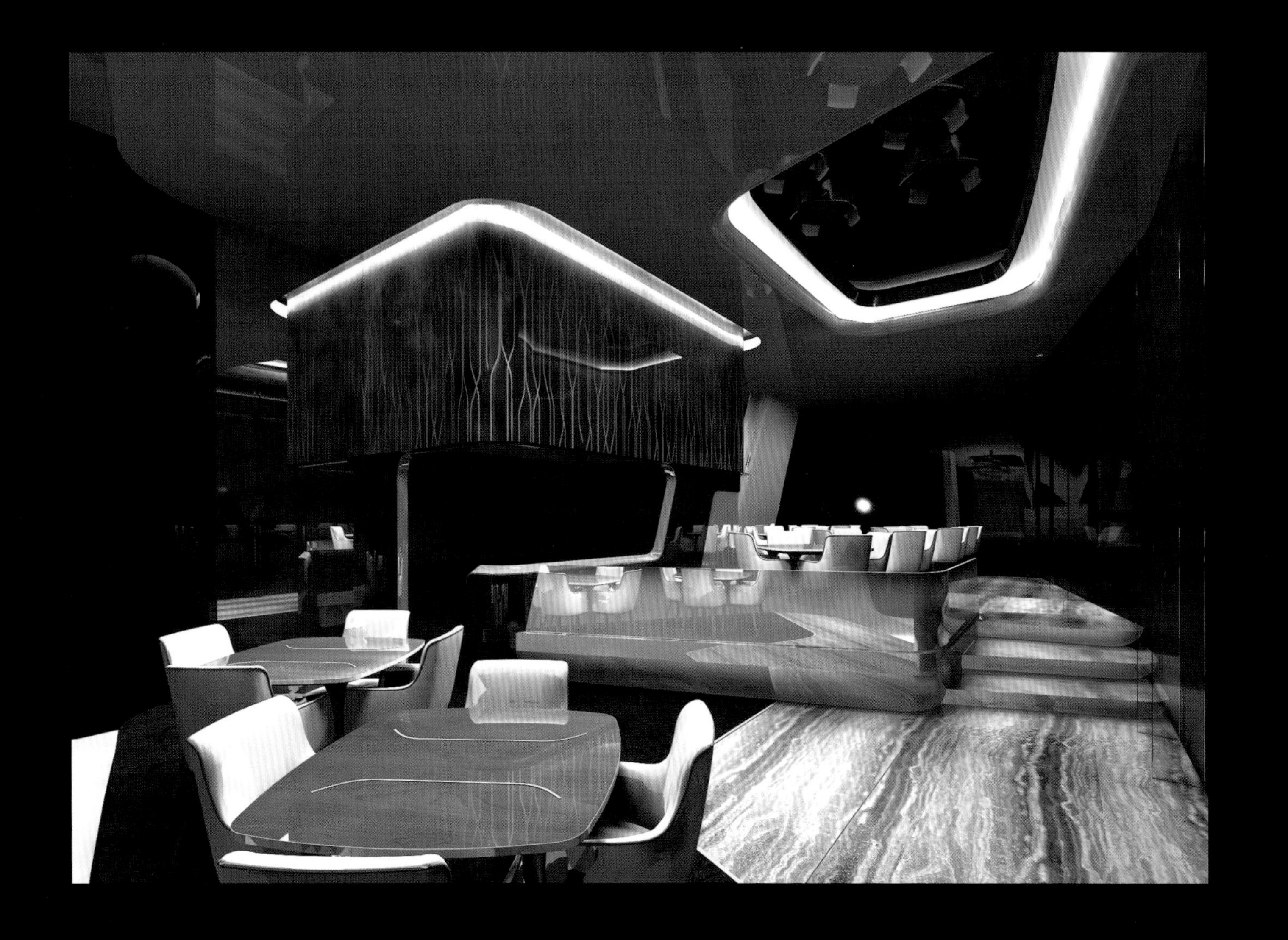

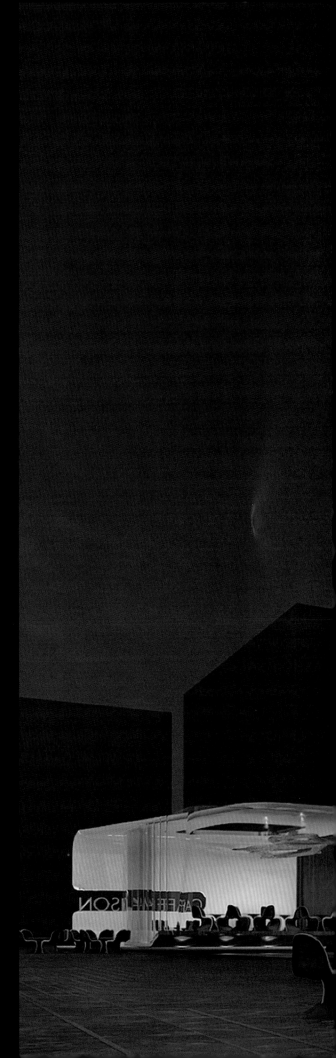

达·芬奇环球剧场多面体

THE DA VINCI GLOBE 2015

王敏德（Michael Wong）是一位美籍华裔演员和名人，出生在纽约，现居香港。店内的多面体地球的设计基于达·芬奇著名的多面体，结合莎士比亚的环球剧场，创造出一个有力的象征物，一个名人品牌的完美代名词。此外，他还接受过专业飞行员培训，并创立了自己的品牌MW Michael Wong，与包括德国的日默瓦（Rimowa）、法国的巴卡拉酒庄（Chateau Baccarat）和意大利的乔治菲登（Giorgio Fedon）在内的其他全球品牌合作。该品牌的首间旗舰店于2015年1月在香港铜锣湾正式开业。

受到达·芬奇多面体等意大利文艺复兴时期的作品、纽约潮流时装如王大仁 (Alexander Wang) 的旗舰店，以及其他全球旅行者的国际奢侈品牌的启发，这家旗舰店在名人时装与魅力旅游世界里是一个男性化和全球化的抽象派代表。

MICHAEL WONG

蒂莫西·奥尔顿（TIMOTHY OULTON）的AVIATOR TOMCAT椅

MW旗舰店引入了许多创新的特点。其中部分受到来自航空和旅行的设计文化的启发，该项目为服装特色定制了具有“‘M’金属衣架”和“‘W’陈列秋千架”的“MW招牌陈列系统”。同样独特的设计是用金色拉丝钢剪切的“空运货柜精品陈列箱”。全球旅行者的时尚融合了魅力与兴奋。其他视觉焦点包括蒂莫西·奥尔顿（TIMOTHY OULTON）的 AVIATOR TOMCAT 椅和宝马摩托车。

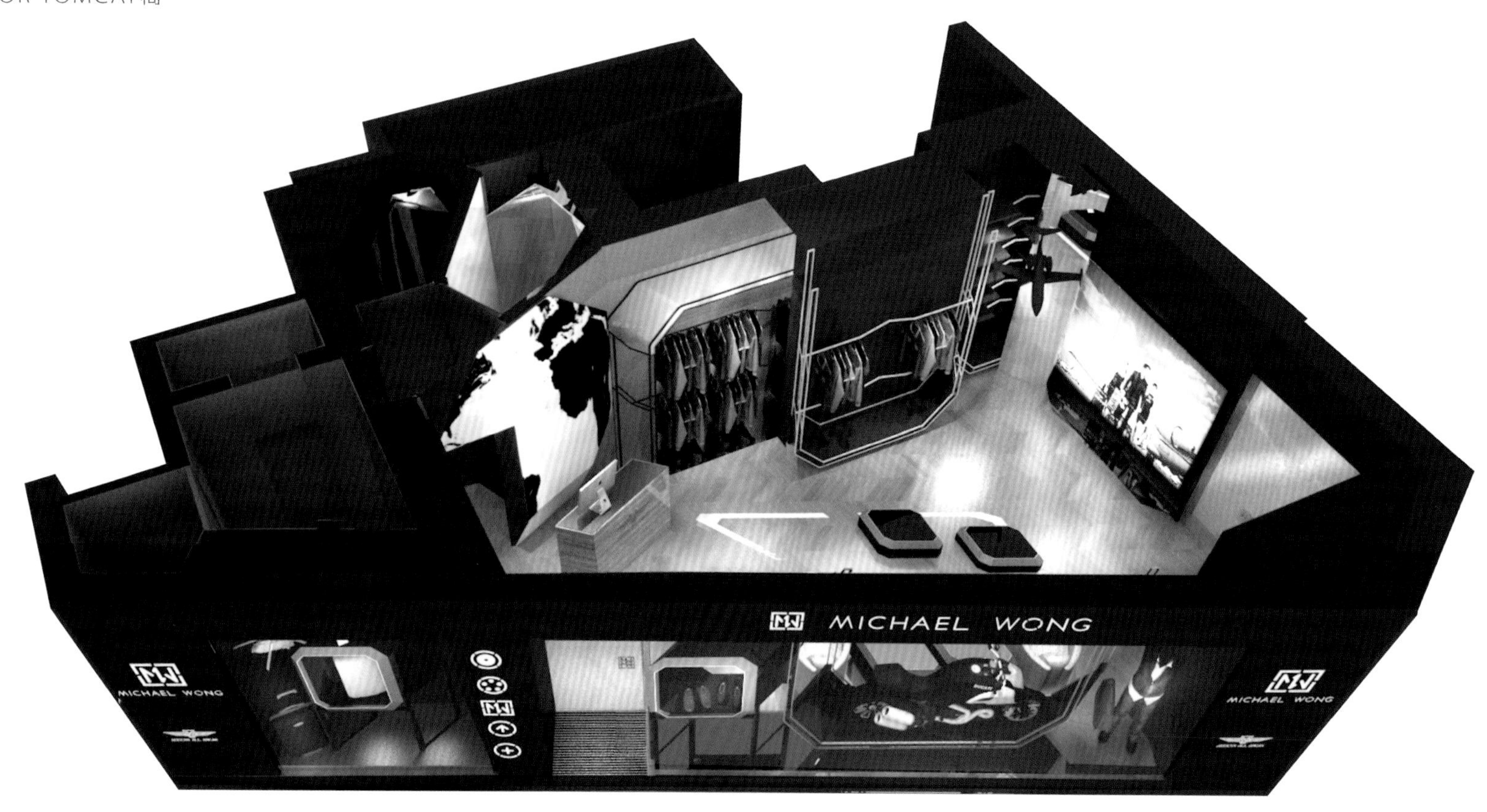

“世界是舞台。”

威廉·莎士比亚
William Shakespeare

睡眠宫殿

PALACE OF SLEEP 2014

2014年，慕思寝具希望在香港推出其定制系列。设计师的目标是帮助客户实现这样的梦想，加强品牌精神。

Bespoke
De RUCCI

Bespoke
Bespoke
Bespoke

Bespoke
De RUCCI
pillowise

定制法式后幕拱门

Bespoke
De RUCCI

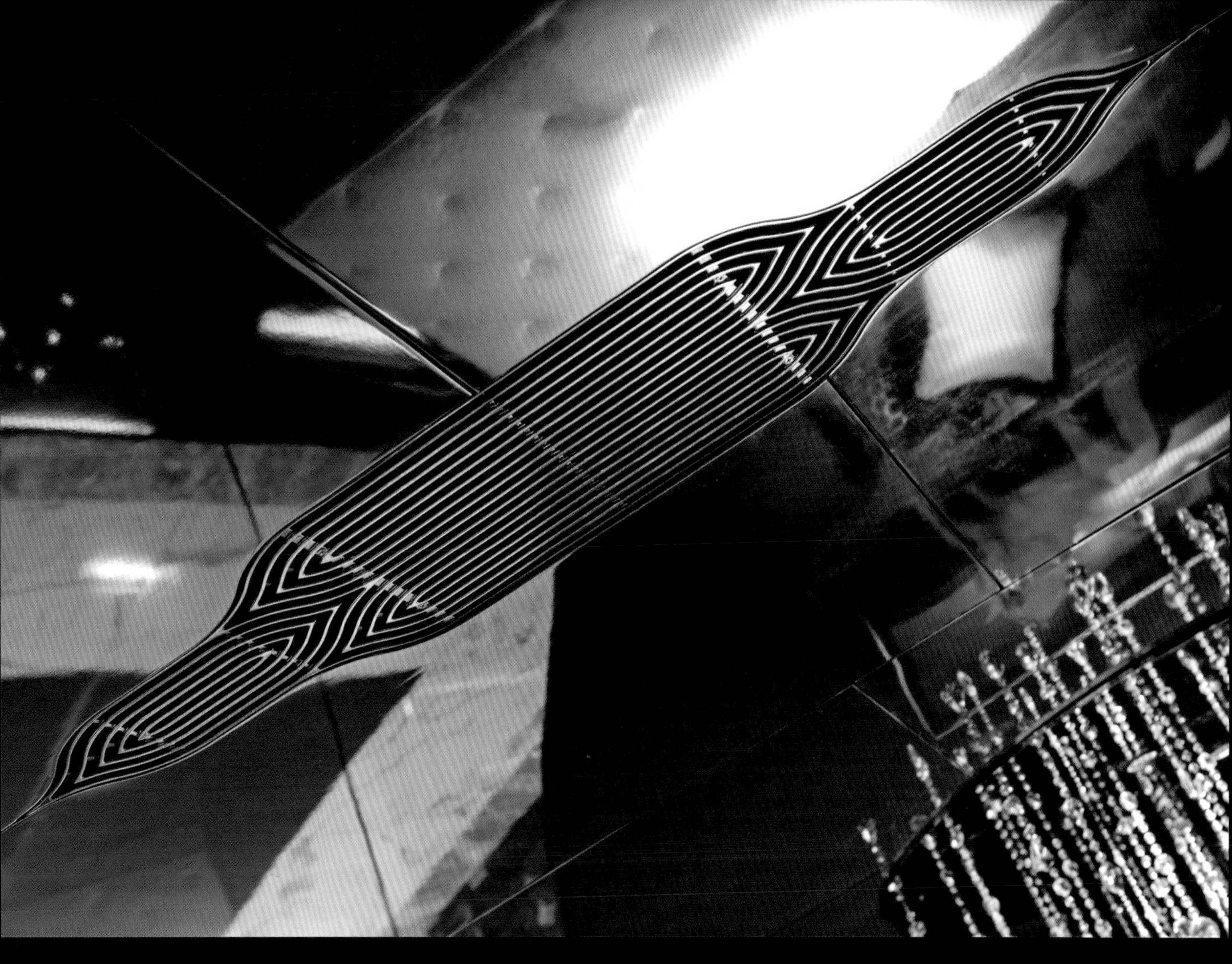

定制通风格栅

De·RUCCI

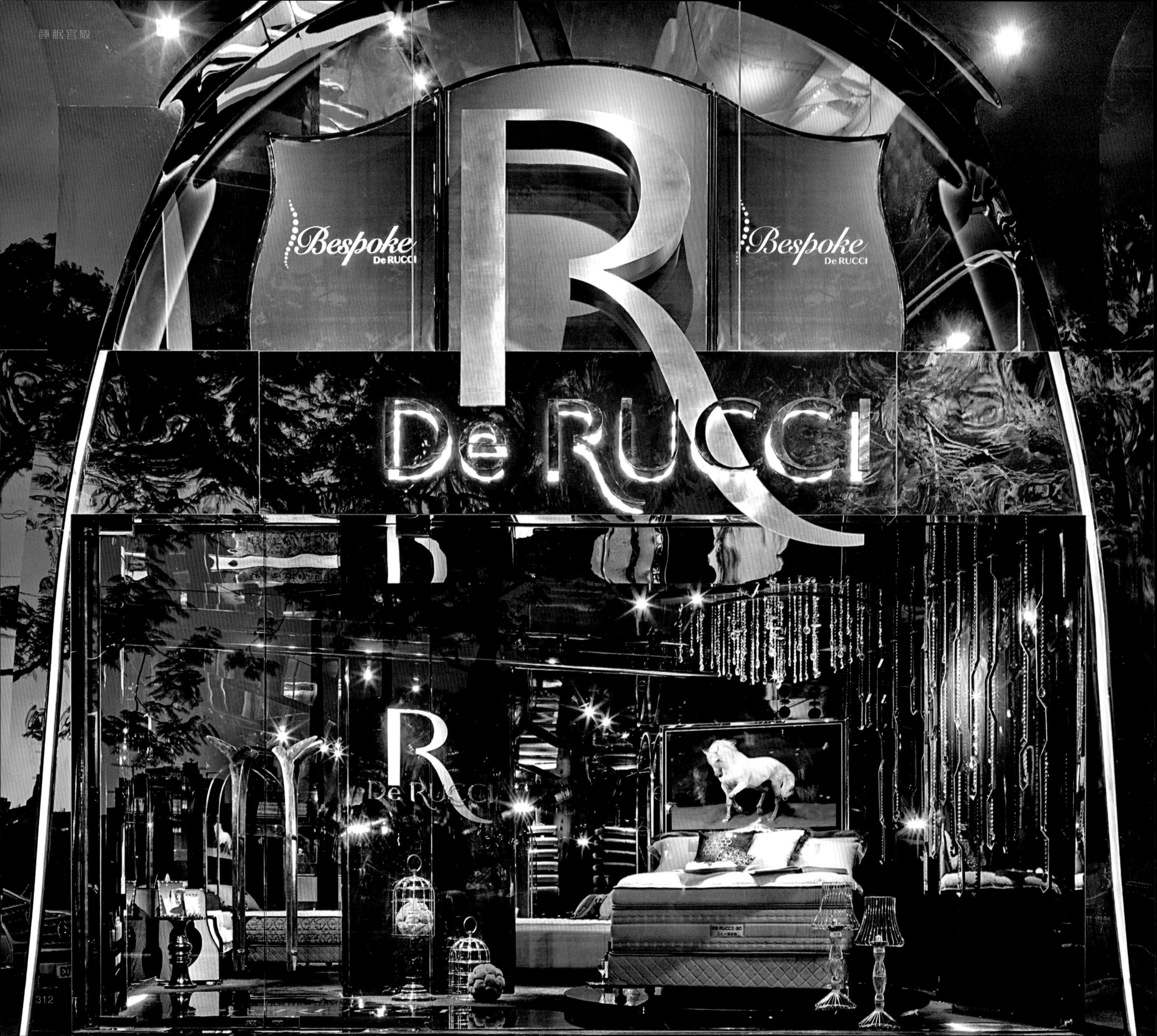
Bespoke
De RUCCI
Bespoke
De RUCCI
De RUCCI

“你只需要写出一句真实的句子，

写出你心中最真的句子。”

欧内斯特·海明威

Ernest Hemingway

幻想曲
PHANTASY

文森特·卡勒博
“氢化酶——藻类养殖场回收二氧化碳用于生物制氢飞艇”
VINCENT CALLEBAUT'S
“HYDROGENASE — ALGAE FARM TO RECYCLE CO_2 FOR BIO-HYDROGEN AIRSHIP”

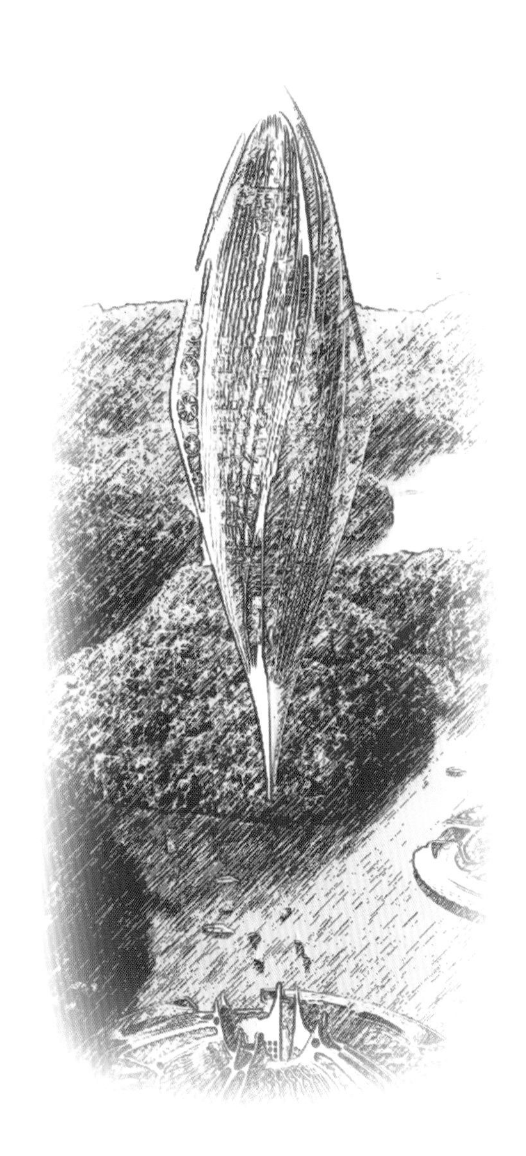

文森特·卡勒博，20世纪70年代出生于比利时，现居巴黎，是一名极富远见的建筑师。他是一位理想化的未来主义者，同时也是一位发明家和工程师，称得上是一位天才。

也许有人会觉得他过于自负，甚至是个百分百的自大狂，他试图成为当下最伟大的发明家，并始终努力尝试。他的创作都极具独创性，但他本人也许缺乏了如历史上最伟大而富有远见的建筑师安东尼·高迪(Antoni Gaudi)般的谦虚。

提案

在 2010 年上海世博会期间，这项号称令人意想不到的创新被公之于众，它是介于工程学和生物学之间的创新，也是令他闻名于世的一项创新。“氢化酶飞艇”是首批仿生学项目之一，它的设计灵感不仅来自美丽的大自然，还来源于天然材料的性质和其自我修复的过程。他的目标是 100% 的能源能够自给自足和所有航空旅行都是零碳排放！这艘可供居住的垂直飞艇首创了一种清洁的交通工具，它能满足任何正在遭受自然灾害影响的人群的需求，因为它几乎能在任何地方不需要跑道而完成降落。文森特·卡勒博提出“氢化酶飞艇”的设计思路和设计原理是颠覆性的，并且对必须彻底改造的当代社会生活方式从根本上有着至关重要的作用。它将在未来成为环保的交通工具，而且它无须排放二氧化碳或其他污染物就能够生产电力和生物燃料，像氢能源就是非常有前途的清洁能源。

除去飞机、直升机或者其他任何一种传统飞行工具，“氢化酶”这个项目声称能够创造出新一代最先进的“混合动力飞艇”。它致力于人道主义任务，如救援行动（在与自然灾害有关的救援任务中作为免费医疗中心，通过运输原材料给人们带来帮助和发展等），也能作为科学研究的空中运输和安装平台，还包括娱乐消遣、生态旅游、酒店住宿、人员运输、空中媒体宣传和领海检测等其他功能的补充作用。

“氢化酶飞艇”是一种平均飞行高度为 2000 米的巨型喷气式飞船。它可以装载高度将近 400 米，体积为 25 万立方米的货物，能够以每小时 175 千米的速度运送 200 吨货物（即远洋班轮速度的 2 倍）。虽然速度比飞机慢了 7 倍，但它的活动高度能在 5000~10 000 千米之间，这足以让当代旅行者重新理解海上巡航的浪漫。

“氢化酶飞艇”项目挑战了我们社会不断更新的概念，并且以独特的角度思考艺术的流动性以及像航空这样的相关服务业。凭借仿生的特性，这个可居住的垂直飞艇同时也是一个充满生物氢能源的空中悬浮农场。

半刚性（即未加压）的巨型飞艇，高度达 400 米，直径达 180 米，外部材料在树状脊柱周围垂直伸展并扭曲，仿佛一朵即将盛放的巨大花朵。这些空间被划分成十字形的“花瓣”，创造出主体扇形区域作为人类居住、办公、科学实验和娱乐消遣的活动场所。同时，不可居住的区域由四个充满生化氢（一种可再生能源）的巨大气泡构成。这些气泡由刚性船体制成，这种船体由宽大正弦环连接在一起的扭曲状纵梁定型，采用十分昂贵的轻量化合金制成。

凭借着铰接在轨道环上的 20 个飞机螺旋桨，“氢化酶飞艇”能够从起飞时的水平状态到飞行中垂直状态的过程中，确保船只的航速为每小时 175 千米。无人居住的空间整合成阶梯式蔬菜园，能够对任何用水进行净化，从而不产生流失，所有东西都可以得到回收再利用或者转换利用。

除了能吸收太阳能之外，这座“飞行城堡”从仿生技术中汲取灵感，采用更轻量、更耐用的复合材料（玻璃纤维和碳纤维），以尽可能减少其结构上的重量。其表面采用能自我清洁的纳米结构玻璃。这种玻璃的灵感来源于从来不会沾湿的荷叶。这种仿生学涂层也从鲨鱼的皮肤得到启发，使得它能够避免被细菌吸附从而保持无毒无害。

“氢化酶”终归是一个幻想项目，它发明了一种更清洁的移动装置，它的目标是成为人类活动的互利机制，对大自然产生积极影响。通过模仿自然生态系统的进程，它在改造工业、城市规划和建筑的过程中创作出清洁能源解决方案，并创造一个一切都可以重复使用并能够无限循环利用的世界。

反驳

大多数作家或评论家会通过以下建筑作品分析卡勒博，其中包括安东尼·高迪的有机建筑作品、诺曼·福斯特的高科技建筑作品、扎哈·哈迪德的未来主义建筑作品，甚至是黑川纪章和摩西萨夫迪的代谢学建筑作品。但是卡勒博的作品，特别是“氢化酶”这个项目，完全无视各种分类标准。在这里，他的“飞艇 / 飞行农场”的设计是作为“安卓架构”的起源，一部分是机器，一部分是动物。飞船不仅是一个外壳，同时也作为一个机器人生命体，作为一个“藻类农场”来回收利用二氧化碳并产出氢气。这个太空时代飞船像2005 年查理兹·塞隆主演的《魔力女战士》中设想的未来。

有人猜测在“氢化酶飞艇”中生活会有点像是在未来的豪华远洋客轮中生活，只是这次的方向是垂直的。卡勒博的设计是类似节肢动物（类昆虫）和鲸鱼的，外骨骼模仿昆虫，而其外形可能受到一只巨型蓝鲸的下腹部启发。

如摩天大楼般的巨大浮动单元将没有传统建筑的地基，这是一个突破性的概念，有的人会想到日本人梦寐以求的就是在这样的高层建筑上创建人工岛屿来生活，以避免可能的和很大概率会发生的类似海啸、地震这样的自然灾害。

但是有的人用文森特·卡勒博的其他项目来与“氢化酶”比较，包括在台北市于 2016 年完工的豪华住宅大楼“亚太会馆”、纽约的城市农业新陈代谢农场“蜻蜓”（2009 年）、台中市的自我可持续塔楼“仿生穹顶”（2011 年）、太子港的一千多座被动式房屋的矩阵和插入区块“珊瑚礁”（2011 年）。

平心而论，“氢化酶”是迄今为止最前卫和令人惊讶的概念和设计，毫无疑问，它藐视了地心引力（与“睡莲”不同）而且远远超出了建筑的极限，挑战了房地产真正的核心概念，即通过人为修改和操控居住空间（或土地）使之成为一种如水或食物或者氧气这样备受追捧的资源（或基本商品）来作为控制群众的手段。然而，这也是理想主义与现实之间形成的鸿沟。

除了“垂直飞艇”和高耸的“飞行农场”，“氢化酶”项目究竟是什么？在功能和方案方面，它可以是任何东西，从实验室到高科技农场，从货运飞艇到飞行医院，从商业办公室到联合国救援站，从分时共用的房地产到巡回大学，从赌场到免税购物中心，从时髦的酒店到太空站……它不仅仅是一个垂直飞艇，更确切地说，它是一个与其他任何高层建筑没有什么不同但具有自我控制的巨型“气球城市”，由政府支付以创造出更清洁的空气和更干净的一切。接着让我们从细节上进一步解释为什么“氢化酶”最终是优先创造的幻想项目。事实上，根据这些飞艇创造出的 GFA（建筑毛面积），将“氢化酶”引入任何经济体系可能（或不可能）对现有房地产市场产生不利和不稳定的影响。这似乎是对土地经济学的尊重缺乏理解，也似乎对给一个城市增加额外土地的填海工程与这一创新方案建议的相关性缺乏理解。如果没有深入研究这个方案的经济学影响，大自然的一切都将变得不仅如科幻小说般甚至属于童话故事的范畴。

建筑学，除了是艺术和工程的创新交错之外，最终也是我们自己系统所有权的解释和表现，特别是财产所有权（包括在本文提及的可居住数月的巨型远洋班轮和飞机）、法律和社会政治结构、银行业务和金融业务、阶级结构，更不用说作为涉及我们个人隐私与公共领域的划分和界定的安全标志。人们一定不会忘记深思所有建筑设计领域内（及其造成的实际影响）对于控制人类行为不光彩的方面。这就是为什么我们用像门、闸门、窗户、墙壁、监控摄像机这样的物体来阻止社会犯罪行为，或涉及更严重问题的事件。

简而言之，建筑学可能从根本上只是一个外壳，没有以某种公开（或隐蔽）的方式提供包括社会或阶级隔离等任何保护的概念。城市作为一个集体建筑群（再次，即使是像“氢化酶”那样飞行的城市）最终也是我们各个社会阶层的一种旅行标签，首要目标是商业和经济的“最低限度设防的监狱”。

地球上的大多数人现在生活在一个充满争论的社会中，或者至少不会一直处在一个和谐融洽与邻里同胞相互祝福的稳定状态中。此外，社会可能直接或间接的受到土地（或房地产开发）控制的影响。更重要的是，我们以石油为基础的世界经济体系完全依赖于（并受控于）与一系列高度复杂的“国际政治—经济协议”密切相关的能源消耗，这协议以全球范围内时有时无的秘密（或有时公开）军事联系的外交为基础。然而“氢化酶”项目迎面、纯粹、大胆地挑战了这些基本准则，这不仅非常有勇气，同时也有几分危险！

说明这一冲突的一个很好的例子，是有的人把视线受阻归咎为这些“氢化酶飞艇”中的任意一艘占领了空中领域。

结论或定案

最后，客观地说，什么是创新？对于任何真正可行的发明或者有价值的创新，我们需要去超越我们眼前所看见的，并经历过的一系列的标准。来自最受人尊重的书之一——由柯蒂斯·卡尔森（SRI 国际总裁兼首席执行官）和威廉·W. 威尔莫特（合作研究所所长）在 2006 年创作的《创新：创造客户所需的五大规律》中提到“创新是成功的发明，也是市场中新的或改进的产品或服务的传递”。书中讲述了关于重要需求、价值创造、创新领军者和组织协调团队等概念。但是该书的核心内容还包括一个名为“NABC”的简单缩写，此缩写代表：

N 代表客户的需求；
A 代表设法满足这些需求；
B 代表这些方法的每个单位成本的收益；
C 代表每个单位成本的收益优于竞品或替代品。

那么“氢化酶”是成功的创新吗？让我们按照 NABC 的标准判断。可以肯定的是，很可能会有这样一个需求，即用“氢化酶”创造出一种更清洁、更高能且可持续的没有碳排放的航空旅行方式。该方法的确具有创造性，但如果仅以传统喷气客机的一小部分速度旅行，则可能无法完全满足客户的需求。但是建设这样一个项目的成本将是非常不经济的，因此它不具有吸引力。从商业的角度来看，这些收益不会比现有的竞品和空中旅行替代品更优越。

虽然说了这么多，但是文森特·卡勒博始终是最高级的梦想家、拥有最伟大思想的发明家、拥有卓越才能的辉煌建筑师，所以说到底，他毫无疑问是一位真正的天才。

罗恩·阿拉德的梅迪埃塞德购物中心
RON ARAD'S MÉDIACITÉ

几年前，来自英格兰的建筑师罗恩 · 阿拉德受邀设计新的商场，即混合使用40 000平方米屋顶和公共空间的楼盘，名为梅迪埃塞德购物中心，位于（自经济衰退以来）曾是世界上最重要的钢铁生产中心的列日。该建筑是城市振兴的标志，力图为城市注入新的生机。

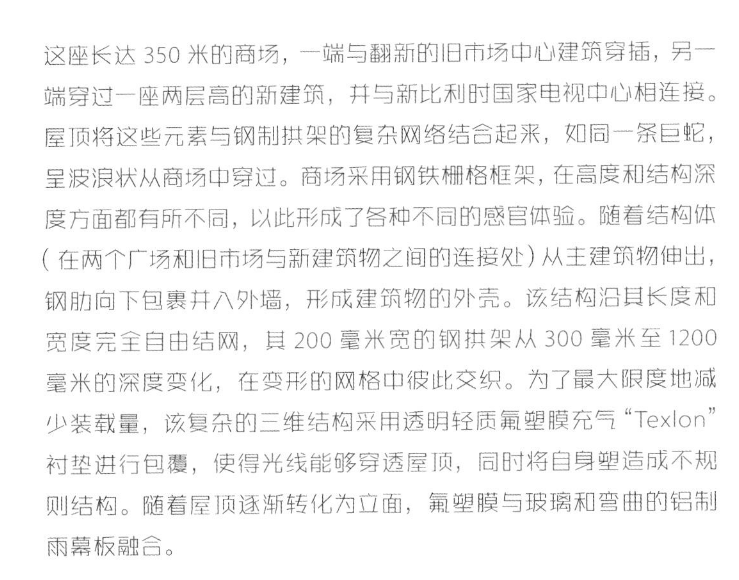

这座长达 350 米的商场，一端与翻新的旧市场中心建筑穿插，另一端穿过一座两层高的新建筑，并与新比利时国家电视中心相连接。屋顶将这些元素与钢制拱架的复杂网络结合起来，如同一条巨蛇，呈波浪状从商场中穿过。商场采用钢铁栅格框架，在高度和结构深度方面都有所不同，以此形成了各种不同的感官体验。随着结构体（在两个广场和旧市场与新建筑物之间的连接处）从主建筑物伸出，钢肋向下包裹并入外墙，形成建筑物的外壳。该结构沿其长度和宽度完全自由结网，其 200 毫米宽的钢拱架从 300 毫米至 1200 毫米的深度变化，在变形的网格中彼此交织。为了最大限度地减少装载量，该复杂的三维结构采用透明轻质氟塑膜充气“Texlon”衬垫进行包覆，使得光线能够穿透屋顶，同时将自身塑造成不规则结构。随着屋顶逐渐转化为立面，氟塑膜与玻璃和弯曲的铝制雨幕板融合。

然而，依赖一个购物中心振兴旧城市的混乱地区似乎太理想化了。政治家和规划人员，在讨论通过改造城市中的某些地区或社区来振兴旧城之前，只要商场存在，他们就必须先探索商场文化的更深层意义，包括其历史及未来。

如今的购物中心文化的问题是：它不仅是普遍存在的（或无所不在的），而且它在消费主义世界中是彻头彻尾的、无所不能的，同时它毫不停歇地扩大权力并超越人类的控制“掌控”着所有品牌。我们在购物中不再有选择，因为只有屈指可数的品牌供我们选择。但是，购物中心如何成为今天这个样子的？为什么购物中心是如此的重要？除了能服务城市或作为社区的消费场所外，购物中心的本质究竟是什么呢？

最早的公共覆盖购物中心的例子之一是来自许多购物市场所在的古罗马集会广场。最早的公共购物中心之一是位于罗马图拉真广场的图拉真市场，由大马士革的阿波罗多罗斯建于 100—110 年，被认为是世界上最古老的购物中心和购物广场。

大多因为世界各地的气候会有恶劣的时候，众多购物商场都是有顶棚的。例如 15 世纪建成的伊斯坦布尔大市集，至今仍是世界上最大的有顶棚市场之一，拥有超过 58 条街道和 4000 家商店；巴黎的红孩子市场（1628 年开业）和英国牛津的牛津帐篷市场（1774 年开业），今天仍在运行；位于圣彼得堡的高斯基市场于 1785 年开业，被认为可能是第一个专门建设的商场式购物中心之一，因为它由超过 100 家商店组成，面积超过 53 000 平方米；开罗拱廊街市场于 1798 年在巴黎开业；位于叙利亚大马士革的 19 世纪哈米迪亚大市场也可以被认为是当今购物中心的先驱之一；长达 10 千米的德黑兰大集市也有着悠久的历史；伦敦的伯灵顿商场于 1819 年开业；罗德岛普罗维登斯的商场于 1828 年向美国引入了零售商店的概念。

它们中最有名的是意大利米兰的伊曼纽尔二世拱廊商业街，建于 19 世纪 70 年代，其宽敞度更接近大型现代商场。其他大城市在 19 世纪末和 20 世纪初创建了商场和购物中心，其中包括 1890 年开业的克利夫兰商场、代顿商场和莫斯科的古姆国立百货商场。美国早期的室内购物中心原型是位于明尼苏达州德卢斯摩根公园的湖景商店，该店于 1915 年建成并于 1916 年 7 月 20 日举行了盛大的开业典礼。该建筑有两层楼和一层完整的地下室。所有的商店都位于商场的内部。

在 20 世纪中期，商场进一步发展成为大型建筑，随着美国郊区和汽车文化的兴起，一种新型的购物中心在市中心外创建。目前，人们从不远离任何位于世界各大城市的超级商场，例如，在加拿大多伦多的伊顿中心，在阿联酋迪拜（拥有仍然用天然雪的室内滑雪场）的阿联酋购物中心等。

在 20 世纪，著名的社会评论家和包括沃尔特·本杰明在内的许多哲学家写了很多关于商场的文章，但是没有人预测到消费者逐渐增强的购买欲和购物中心不断扩大的影响力以及最重要的，正如我们今天所了解的购物中心的价值。

那么，什么是购物中心？这是一个在没有痛苦、疾病、老化、眼泪，也没有死亡的一个封闭的环境中用于品牌文化崇拜的物理“机械购买器”(参考勒科尔比西埃的“机械居住器”)。这是一个隐藏的外壳，其中国际品牌的高级殿堂排列在现代商业街道的两侧，这对于消费者来说是一种完美的现实形式，尽管是理想化的超现实。

购物中心最重要的是一个等级制度的具体化，它是我们社会的金字塔系统的一个缩影，反映了我们人为的，但仍然激烈竞争的房地产世界，即品牌价值和大众文化的竞争世界。它还是一本从市井到商业街再到超级购物中心的程式化进化的“一看就懂的书”。

事实上，在这样一个“有条件的行为”环境下，商场里的人们甚至表现得非常不同。人们可能会感到年轻、暂时的富裕、身体有活力。

回到罗恩·阿拉德设计的购物中心的讨论中，人们可能会提出这样一个问题：红色和白色金属天花板的形态和颜色有多适合？也有人可能会问：购物中心不是应该仅仅被设计为品牌的背景，包括只是它们的产品推广和季节性装饰的背景吗？因此，由罗恩·阿拉德设计的蛇形天窗对于在这个前提下的原则功能来说太过于强力，即让品牌“闪耀”而不是让建筑阻碍这种方式。

能力强大的设计师采用先进的、创新的、刺激的、具有争议的设计解决方案。他们永远有新的方式来阐释功能、技术、材料和形态——通常采用激进甚至是颠覆性的方法。这些是消费媒介的高调设计，植根于英国进步设计的演变。

关于建筑师罗恩·阿拉德，他 1951 年出生于特拉维夫，是以色列的工业设计师、艺术家和建筑师。1974 年至 1979 年，他加入了伦敦的建筑协会。

阿拉德作为设计师的职业生涯始于罗浮椅。他于 1997 年至 2009 年担任皇家艺术学院设计产品系主任，并于 1994 年设计了著名的书虫书架，该书架由意大利公司卡特尔从 2011 年开始至今仍在生产。他还设计出攀附在墙上，而不是摆在房间正中央的桌子。阿拉德经常将作品塑造成独特的生物形态，并且是由他的选择媒介创造的，这种媒介恰好是列日市所著称的“钢铁”。

因此，通过聘请阿拉德来执行他的创新设计，该城市的决策者们似乎是完成了为列日人建设的梅迪埃塞德购物中心，但他们心里绝不只是为了品牌购物这个单一目的。在这里，阿拉德的屋顶可以被解释为现代艺术的作品，并在列日给公众欣赏。

阿拉德将天花板变成现代艺术的作品，甚至唤起了艺术博物馆的画廊感。“天花板”是购物中心的“吸引力”。但是，它是如何直接促进消费，甚至更深层次地通过艺术、商业和经济复兴来使列日人民更加接近彼此，是另一回事。

该项目完成了一个快速建造的壮举，即建筑于 2007 年 4 月开始施工并于 2009 年 10 月落成。

娜塔莉·切利亚的不断下沉的曼哈顿
NATALIE CHELLIAH'S SINKING MANHATTAN

娜塔莉·切利亚的"响应式基础设施"项目是一个非常迷人的纯学术论题。对于一个刚刚从英国利兹城市大学毕业的研究生来说，她的这一作品乍一看是非常幼稚且不切实际的，同时也体现出其建筑技术知识的匮乏。然而仔细研读可以发现，该作品仿佛不经意间打开了潘多拉的魔盒，并抛出了许多隐藏已久的重要话题，其中包括机器建筑、月球移民、地球的命运、威尼斯的秘密，等等。这个作品好像字里行间渗透着来自更高层级的煽动性信息。

首先要指出的是，"下沉的曼哈顿"（正式名为"响应式基础设施"，下文将沿用"下沉的曼哈顿"指代该项目）是研究生毕业论题。该学术性作品设想正在下沉的曼哈顿上空出现了一系列桥梁，同时也展现了其演变过程。这些桥梁的建造形式如同中世纪的迷宫一样，它们营造出了一种超现实的、具有未来感的气氛，同时复杂程度也暗示了其神秘的特质。这个假想的项目在精神和物质层面都是具有想象力的。

"下沉的曼哈顿"中的学术前提：

曼哈顿这个城市在不断发展的同时，它的地皮却在逐步缩减（更重要的是在不断下沉）。曼哈顿人口预计将在 2050 年会达到 1000 万，研究表明，在 2035 年，曼哈顿的人口密度将达到顶峰。

切利亚介绍说："这个设计的主要动机在于考虑海平面上升以及洪涝问题，设计兼顾了曼哈顿人口增长以及未来环境变化的问题。方案为受影响最为严重的曼哈顿提供了一种新的社区形式，在这之中一系列小的介入弥补了该地区缺失的内容，同时加强了需要保留的内容。这个思路可以推广到城市中其他受影响的区域上去，根据同样的理论和思路以解决他们急需处理的问题。"这个方案可以说是一个革命性的重大举措，其中可见卓越的洞察力和胆识。

她的解决方案和举措包括：

1. 对于那些她认为仅仅起到保护作用同时由于高额维护成本而收效甚微的空间筑坝隔离处理方法；

2. 对于那些与场地联系不大同时有可能导致人群过度拥挤的空间（即不能解决人口密度问题的内容）进行漂浮处理；

3. 对于剩余的空间进行最大限度的利用，具体方法为在建筑物之间制造"寄生"结构。尽管这种方式完全忽视了房屋产权、建筑规范以及城市区域划分，但是该方式仍然可以看作是针对以上情况的最佳方案。

事实上，纽约市是全球下沉速度第六快的城市，排在其前面的包括墨西哥的墨西哥城、意大利的威尼斯、美国路易斯安那州的新奥尔良，等等。更关键的是，纽约是全美人口最多的城市，同时纽约作为一个独特的特大都市，其对全球贸易、财政、媒体、文化、艺术、时尚、研究、教育以及娱乐等诸多方面都产生着重要的影响。然而，正如其在经济中确凿的重要地位一样，纽约也确定无疑会在未来几十年中发生下沉。与泰国首都曼谷所面临的问题一样，纽约作为美国人口最为密集的城市，正遭受着全球变暖的影响。纽约市的大部分区域位于曼哈顿岛、斯塔滕岛以及长岛这三座岛屿之上，这也导致了纽约土地的稀有属性，进而解释了其追求高密度的特点。《科学报》指出，纽约海平面升高的速度是世界上其他地区海平面升高速度的两倍，这就意味着相比于美国其他城市，纽约在未来的全球变暖影响中首当其冲。然而这仅仅是未来可能出现的灾害中的一小部分，《科学报》还指出，上涨的海平面淹没低洼地区的同时，纽约还会遭受到其他灾害的影响，比如湿地变为开放水域，滩涂地区的腐蚀以及河口地带的盐碱化，这些灾害最终会严重危害周边的生态环境进而最终彻底破坏目前的岸线发展。这一系列描述使我们回想起了另一个著名的城市——威尼斯，事实上"下沉的曼哈顿"正体现了"曼哈顿就是下一个威尼斯"这一强有力的论述。

在不久之前，纽约就经历了一些严重的问题，这些问题不仅仅是陆地下沉或者全球变暖这么简单。我们还记得"桑迪"飓风席卷了美国 24 个州，其中包括了从佛罗里达州到缅因州的整个东部海岸，以及从阿巴拉契亚山脉到密歇根和威斯康辛州的西部地区，受灾最为严重的当属新泽西州和纽约州。这场飓风在 2012 年 10 月 29 日登陆纽约市，造成了街道、隧道、地铁的严重汛情，以及城市的电力故障。这场飓风造成的损失高达 710 亿美元。

切利亚的研究分析表明，纽约的金融街区将是受到汛情最严重的地区。这一区域同时具有居住、商业、金融中心的职能，这意味着如果该区域出现故障，则会对曼哈顿岛甚至是全球的金融和经济造成致命的影响。因此这一区域在设计中被优先考虑插入“寄生结构”，其他区域则会紧随其后进行改造。圣三一教堂的地块被切利亚选为设计的介入点，她为此设计了一个新的社区，以便解决因海平面上升、土地减少而带来的人口安置问题。这一问题加上城市公共空间缺失的问题对本次设计的选址提出了严苛的要求，而圣三一教堂这一场地既开放又封闭的特质使得其成为本次研究的理想选址。组团的居住空间将会像寄生植物一般从周边建筑中生长出来，其中的桥形连接结构将代替被汛情淹没的道路，为人们重新提供行走路径。

圣三一教堂建于1846年，由建筑师理查德·厄普约翰设计建造，建筑历史学家称其建筑风格为哥特复兴式。1976年，美国内政部指定圣三一教堂为国家历史地标以表彰其在建筑设计上的影响力以及其在纽约城历史进程中的作用。完工时，圣三一教堂的塔顶十字架高度达到86米，成了纽约市当时最高的建筑，这一纪录直到1890年才被纽约世界大厦超越。

据切利亚介绍，方案中的寄生结构和植物“绞杀榕”相似，后者可以从其宿主植物中获取自身所需的养分。绞杀榕具有一种可以调节的根，这种根可以穿透宿主植物并与其木质部或韧皮部相连。本设计中的“介入”方法与上述植物所用的方法类似。新建建筑从教堂的中心出发，依靠既有结构的支撑点，向外部和上部发展，最终创造出新的且对周边环境有用的形式。切利亚使用了一种她称之为“联合结构”的模式，这种模式中现存结构通过镜像和寄生等操作方式得以加固。这样一来，圣三一教堂的原有屋顶结构被移除替换为一个错综复杂的新结构，这个新结构能更好地将光线引入到教堂的中殿内，从而创造出一种神圣而令人敬仰的空间气氛。本案中，教堂的改造成了整个社区激活的起点。教堂将是汛情到来之前第一座被改造的建筑，这也确保了它将在灾害中处于绝对安全的地位，进而可以作为安全屋为难民提供水和食物。这一系列举措也使得教堂成了整个空间改造中的一个重要节点。

从设计和计算机成像的角度讲，通过对L系统分形（L-System）、限制凝聚（Limited Aggregation）以及生长算法（Growth Algorithms）的研究，切利亚创造了一个可以模仿绞杀榕生长模式的草蜢（Grasshopper）脚本。这一计算脚本使得设计者可以生成不同的柱子类型，同时可以根据不同的参数进行分析。本案中另一个重要想法是利用机器人建造这些仿生的“寄生结构”，或说是“外星生物状的结构”。切利亚的设计中包含了许多独特的设计手法，其中有参数化生成设计、自然有机形态、算法建筑和复杂三维建模，这些技术被叠加到了一个十分浪漫同时又具有19世纪“建筑作为废墟”特征的空间上去。

通过仿生水泥挤出的技巧，本案中的螺旋结构在宽度上呈现由低到高递减的形式（即柱子基础部分需要更结实、更厚的结构），同时机器人的挤出口呈现出一种收缩机制，使得螺旋结构上部更加纤细。可以推测的是，这些结构生长的同时会为下一个机器人的工作空间提供一个暗榫结合点。该项目的施工过程包含一系列复杂的工艺，其中包括拆除教堂的侧廊、新建替换的结构、填充教堂的中殿、拆除部分屋顶和墙体，最终是新建支撑玻璃屋顶的结构。教堂中殿和侧廊中的螺旋形支撑结构作用于柱子、拱券、阳台的斜支撑，甚至是教堂的尖顶。最终，教堂侧廊中新建的墙体会发挥“原始细胞”的职能（本案中，原始细胞的技术涉及一种光敏碳纤维材料，这种材料理论上应与一种特殊的密封材料同时使用。建筑师对这一具体环节的论述并不充分）。

从科学的角度讲，使用新技术成了建筑学中的一个大热门（比如诺曼·福斯特声称将用三维打印技术在月球上建造房屋）。福斯特的建筑事务所（Foster + Partners）正在研究利用月球土壤在月球表面打印三维建筑的可能性。这一项目是福斯特与欧洲宇航局合作进行的，其中福斯特致力于研究可以在月球建造房屋的方法，他为此设计了一个供四人居住的住宅，其空间可以抵御极端的温度变化、陨石袭击和伽马射线，从而为处于其中的居民提供一个安全可靠的庇护所。房屋的基础部分收纳在一个模数化的管道中，需要时由内向外展开，同时一个充气结构将在其上方充气以形成一个穹顶。之后，月球表面土壤，即风化层土壤，将由一个机器人操作的D型打印机在结构框架的四周打印出来，形成一种轻型泡沫状的填充物，这一做法是由自然界中常见的仿生结构推导演进得出的。福斯特事务所已经模拟了这一建造过程，他们使用类似的材料建造了一个1.5吨重的全尺寸模型，同时他们也在一个真空室中测试了许多小尺寸的模型。福斯特事务所希望将第一个房子建在月球的南极，因为那里不间断地遭受着太阳直射。由此可以看出，基于先进的科技发展水平，切利亚提到的利用机器人建造仿生建筑的想法并不是完全不可能的，此外她利用“未来复古风格”打造“高科技赛博艺术复兴”的创作思路无疑是独到的。

从很多角度来讲，切利亚可以被看作是当下建筑思潮中的一个代表，其主张将达·尔文的进化论应用于建筑以及基础设施的设计建造之中，这种应用不仅限于在概念上的引用，还将其具体过程加以应用，本案中利用机器人进行建造有机形态的举措正体现了这一点。那么，建筑学的下一步会是赛博建筑吗？毕竟，植物从深层次本质上讲就是“有机的机器”。

据建筑师本人讲，建筑内外墙体的砌筑工艺包含一个通过渗透压力作用的排水沟，其原理类似于船舶上的应用。这一设计与螺旋形的加强构件、原始细胞技术，以及矿物质的自然沉积作用相结合，使得教堂即便被洪水淹没也可以抵挡其带来的危害。

有了这个教堂作为系统网络中的中心节点，螺旋形的结构可以向周边建筑生长（这些建筑包括纽约特许学校中心、曼哈顿人寿保险大楼、摩根大通银行大楼、美国运通公司大楼，等等）。在生长的同时，该结构还形成了一个小而精的露天剧场以供人们露天表演（该剧场的6级台阶上最多可容纳105人）。本案例中的管状结构由多层玻璃纤维构成，其中配有钢构架结构支撑以及线性灯光照明。

设计中一个典型的桥型结构名为“居住的桥梁”，依靠一个肋形斜撑结构形成了一个居住单元，其中包括了单人间、一室一厅以及两室一厅等户型。这些居住单元被错落安置于桥梁的上下两侧，这样不仅最大限度保证了良好的视野，同时也保证了残疾人士可以无障碍使用。这一设计的理念不禁让人们想起佛罗伦萨的旧桥（Ponte Vecchio）。

除此之外，这个设计不得不使人们想起曼哈顿的另一个知名设计——高线公园。高线公园是一个长达1.6千米的城市公园，它建立在一条长为2.3千米的高架铁路上，其前身为纽约市西线铁路。这条从曼哈顿下城西部穿行而过的铁路现今已经被重新设计成了一座充满植被的空中绿廊。另一个与此有异曲同工之妙的作品是巴黎的林荫步道，这条接近4.8千米长的步道完工于1993年，很明显切利亚的设计也多多少少受到了这一案例的启发。纽约高线公园南起肉库区的甘斯沃尔特大街，北至三十街，其中贯穿了切尔西、西城区，直到贾维茨会议中心附近终止。1999 年，高线的非营利组织号召人们将高线保留并转变为一个开放的城市公共空间、一个架空的绿色步道。时任纽约市长迈克尔·布隆伯格联合议会的其他议员一同支持了这一提案。高线公园辅助推进了整个街区的复兴，截止到 2009 年，高线公园附近有超过 30 项大型项目正在（或计划）施工。因此，人们不禁要问，本文中的“下沉的曼哈顿”计划是否是汛情来临之前曼哈顿将会实施的又一项城市复兴计划呢？

我们之前讨论了福斯特的“月球居住计划”，我们也有理由认为切利亚的构想很大程度上基于城市大毁灭之后的美丽新时代，这之中的建筑运动冥冥之中带有黑暗未来的色彩。毫无疑问，移民月球的想法虽说宏大，但是无可避免地带有对未来的悲观色彩。在这一点上，近来关于 1969 年美国登月计划的争议以及围绕知名导演斯坦利·库布里克（1928—1999）的一系列争论就是最好的佐证。凑巧的是，目前洛杉矶郡县艺术博物馆（LACMA）正在举办库布里克回顾展（展览持续到 2013 年 6 月 30 日），该展览宣称库布里克的作品属于 20 世纪现代艺术中最具价值的一类，这无疑将库布里克推向了舆论的风口浪尖。一个谜一般怪诞的现象是，切利亚凭借“响应式基础设施”这一学术作品一举拿下了英国皇家建筑师学会主席奖银奖（Silver RIBA President's Medal），同时值得注意的是她目前正就职于伦敦先锋派建筑师亚力克斯·霍（Alex Haw）的事务所大气工作室（Atmos Studio），这两点更使得切利亚及其作品有了如同库布里克一样令人费解的神秘之处。亚力克斯·霍正像是克里斯托弗·诺兰执导的《追随》（1998）中的主人公——这位以拍摄《蝙蝠侠》而闻名的导演在这部早期小成本电影中塑造出的一个鲜活的人物形象。这部电影也被认为是向库布里克的“心灵游戏”拍摄方式的致敬，因此诺兰也被看作是斯坦利·库布里克的继承人。《蝙蝠侠》三部曲中展现的恐慌与目前全球媒体危机中呈现的暴力与恐惧惊人的相似，由此看来，诺兰可以说是当下的“心灵控制”大师，其控制人们思想的尝试在《盗梦空间》（2010）、《记忆碎片》（2000）等影片中均有体现，这些影片也因此被称为控制人们思想的艺术。本文中提到的圣三一教堂在《国家宝藏》（2004）等诸多好莱坞电影中都被高度神秘化的宗教语言刻画，那么圣三一教堂的空间是否会成为类似于库布里克电影作品《闪灵》（1980）中所描绘的“237 号房间”呢？或者说，这一建筑论题中有关曼哈顿下沉的叙事是否在间接比喻库布里克最后一部作品《大开眼戒》（1999）中所渲染的威尼斯的秘密社会呢？切利亚是否意识到了她作品中潜在的这些神秘禁忌话题呢？这些疑问目前尚未得到解答，或许这些疑问也不应该在现在被一一解开。

那么，建筑学的下一步会是
赛博建筑吗？毕竟，植物从深层次本质上讲
就是“有机的机器”。

贝拉丘建筑事务所的斯德哥尔摩的摩天稻草楼
BELATCHEW ARKITEKTER'S STRAWSCRAPER IN STOCKHOLM

斯堪的纳维亚·瑞典·斯德哥尔摩

提起瑞典，人们通常会想起一系列崭新的品牌，比如说绝对伏特加（Absolut Vodka）、伊莱克斯（Electrolux）、爱立信（Ericssn）、海恩斯莫里斯服饰（H&M）、哈苏相机（Hasselblad）、宜家（IKEA）、萨博汽车（Saab），甚至包括一年一度的著名但富有争议的诺贝尔奖。斯德哥尔摩作为一个高度文明的城市，正努力向彻底消除贫困的目标进发。斯德哥尔摩正像是一个充满了先进科技和进步文化的理想之城。然而事实真的如此吗？

索德大厦是一幢位于斯德哥尔摩 Fatburstrappan 18 的高层建筑。该建筑原本设计为 40 层，然而当其 1997 年建成时，高度被限制在 86 米，因此最终为 24 层。索德大厦今天仍然是斯德哥尔摩最高的住宅楼之一，该建筑最初由建筑师汉宁·拉森设计（汉宁·拉森是国际知名建筑师，也是丹麦现代主义建筑中受人敬仰的建筑师，他早年间师从阿纳·雅各布森以及约翰·伍重），但当业主做出妥协使得大楼从原本的 40 层变为 24 层时，汉宁·拉森便高调宣布退出了该项目的设计。

近日，瑞典的贝拉丘建筑事务所被委任改造更新这座建筑，索德大厦将在其原有结构上新增 16 层，同时其立面将会被毛茸茸的稻草状塑料杆件覆盖，这些稻草状塑料杆件可以随风飘动。改造后的大厦名为"摩天稻草楼"，新能源立面（或者说"毛皮"）可以回收利用风能，这使得这座建筑成了一个位于斯德哥尔摩城市中心的电厂。

然而，为什么要设计一幢"摩天稻草楼"呢？

建筑师解释道："相比于生活中的其他物体，人们通常认为建筑物肯定是静止不动的，但是本案中的建筑忽然有了生命，这使得这个构筑物给人留下一种可以像生命体一样呼吸的印象。"通过使用压电技术，本案例建筑立面中引入的稻草状杆件可以将风的动能转化为电能，而这种转化不会带来噪音，也不会引起一般风力发电厂会引起的环境问题。

从技术角度讲，这些立面上的稻草状杆件由复合材料构成（如高分子柔性聚合物），这些构件可以将动能转化为电能。压电效应利用特定晶体的挤压变形进而产生电流。这一技术比传统的涡轮风力发电技术更为优越，因为前者不会产生噪音扰乱自然生态环境。同时该技术可以在低风速的环境中使用，很微弱的气流便可使稻草状杆件摆动进而产生电能。此外，尽管太阳能发电和涡轮风力发电是目前最为普遍的可再生能源技术，但它们也存在明显的短板，特别是在城市环境中使用时，这两种技术的局限性很大。城市中缺乏可以大面积部署的空间，及机器产生的噪音问题均使得该两项技术无法通过恰当的方式与城市环境整合到一起。然而本案例中的新技术声称适用于任何建筑，并可以将其转化为自给自足的供能体，同时又不必担心噪音和低风速等干扰因素。

更重要的是，在发电功能之外，稻草状杆件的连续运动在建筑的外立面上制造了一种波浪状此起彼伏的景观。这些在风中摇曳的功能性构件也使得建筑物的立面处于不断改变的状态，这一状态在夜间不断变换颜色的人工照明下显得更加炫目。摩天稻草楼这一案例正促使了风能治理向一个全新的方向发展。

人们给本案例起了一个带有调侃意味的绰号，将其贬称为巨大的"捕获风能的假发"，该方案在汉宁·拉森设计的原有摩天楼的形态基础上增加了一个顶层餐厅以及一个观景平台，该空间使得人们可以获得观赏斯德哥尔摩全景的无与伦比的体验。但是从经济角度讲，该设计究竟能产生多少电能？尽管我们知道本案例涉及的技术相比于传统大型风力发电风车具有更小的体积，因而更为适合在密集的城市环境中部署，但是该技术在效能方面是否能在同传统的涡轮风力发电的竞争中胜出呢？这两种捕获风能的技术，其各自的"效益成本比"又分别是什么样子的呢？

首先，塔楼的建筑体量会对整个城市的全景视野造成遮挡，这本身就是一个巨大的牺牲。其次，立面上的纤维杆件在空气污染以及酸雨中很难保持清洁，这也会成为日后的一个重大隐患。建筑师出于安全考虑，通常不会在房屋中设计伸出窗外的构件。本案例的概念提供了出众的视觉效果，同时也广受人们喜爱，但是类似的概念很难在台风或飓风多发国家的建筑中应用。退一步讲，即使本案例涉及的技术克服了施工困难这一问题，同时压电技术也满足了可以提供大规模能源的效能要求，但是其外观依旧神似一只巨大的牧羊犬，恐怕很少会有业主出钱投资这样的建筑。

综上所述，这充其量也就是一个“现实版的毛茸茸的童话故事”（译者注：原文借 Furry 与 Fairy 谐音一语双关）！建筑原本设计为 40 层高，但是于 1997 年建设时被缩减为 24 层，而 20 年后的现在，建筑师将其恢复为设计之初的 40 层高度以使其重现辉煌！

如果我们从更为深入的角度分析，不难看出索德大厦的改造工程中涉及的技术性以及环境友好型手段不过是一种说辞，其本质动机是开发商希望完成 20 世纪 90 年代无法实现的目标，即再一次将大厦的高度提高。但是处于公正性考量，我们不能将本案例简化为非黑即白的二元对立状况，即我们不能简单认为开发商就是恶棍，环保主义者就是英雄，因为这种简单的认定是陈旧刻板的。对于任何一个有历史传统的城市来讲，建立一套“城市增长连续系统”的复杂性都是充满巨大挑战的，本案例中的斯德哥尔摩作为一个历史城镇，也面对着同样的问题。如何在不破坏城市几百年的历史传承肌理的前提下，同时将城市建设为一个现代的、充满活力的，甚至是具有未来感的环境呢？尽管汉宁·拉森本人享誉斯堪的纳维亚地区，但是他的这一设计仍然被当地居民视为眼中钉，索德大楼在过去的 20 年中是不被这座城市接受和喜爱的。因此不难看出，索德大楼在初建时只实现了一半的高度也是一项民意裁决。

一种观点认为贝拉丘建筑事务所用在本案例中的手段表面上是基于技术方案的，但是其深层次的动机在于希望借建筑平民化的意向作为弦外之音以增强这座摩天楼与公众之间的联系，这种观点仔细想来也未尝不是纯臆测的。事实上，人们甚至可以认为本案例中的环境协同作用的介入仅仅是为了增强公共关系方面的协同。同时公共关系的参数才是环境参数存在的核心原因。

那么，目标为何呢？一个不无道理的猜测是，这一举动是业主和开发商为了补回曾经失去的楼层毛面积（Gross Floor Area）。这个建筑也许是一个民粹的伪装，甚至是个借口，其下的本质是为了夺回曾经失去的楼层面积。值得注意的是，当初失去这些楼层面积的原因是 20 世纪 90 年代土地容积率存在限制使得场地不能最大化的建设。

在任何社会中，摩天楼被一致认为是“雄性”的化身——摩天楼会使人联想到男性生殖器官，所以在这一基础上增加毛发装构件会使得这一联想被进一步加强。但是就这个摩天稻草楼的特殊案例来看，其外形会使人联想到长毛怪萨利（James P. Sullivan）——动画公司布洛克巴斯特出品的《怪兽电力公司》和《怪兽大学》电影中出现的全身上下被蓝色毛发覆盖的友善的怪兽。一个浅显易懂的道理是，一个城市中最高的建筑一定会是地标性建筑，同时其应该被人们喜爱。然而，不像是在曼哈顿或者香港，一幢在斯德哥尔摩这种古雅的低密度欧洲城镇出现的摩天楼很难取悦大众，甚至可以说是不可能取悦大众的。

不言自明的一点在于，建筑本身和地标存在很大联系。然而现如今，由于我们所谓的地标再也不是社区集体建造的，同时建筑也不会像古埃及的金字塔或者中世纪欧洲的天主教堂一样反过来支撑这个社区，所以对于城市中没有共同信仰或价值基础的民众主体来说，这些地标很难对他们产生深远的影响。

如果我们假设这一幢摩天稻草楼被建设在斯德哥尔摩城中更有名望的区域，那么上述的讽刺就会更加成立。对于那些选择花钱在顶楼居住以享受更好视野的居民来说（可以认为这些居民不但在建筑的顶端，其也在经济结构的顶端），他们同时也选择了藏在摩天稻草楼的毛发状塑料杆件的背后，以躲避当地社区对其的口诛笔伐。但是这样一来他们又不得不牺牲掉一部分观景视野，这反而与其最开始选择居住在这一高度的初衷相违背——这一系列关系使得该选择十分滑稽。

这一设计具有强烈的儿童画特点。这个建筑像不像一只巨大的白色阿富汗猎狗？像不像一只巨大的俄罗斯牧羊犬？像不像一只蓬松的白色马尔济斯犬？像不像一只白色的毛茸茸的高帮滑雪靴？从广大群众的角度出发，所有这些形象都是可爱且使人愉悦的。

在二战结束后将近 70 年的时间内，欧洲文化甚至全球文化在很大程度上似乎都在发展为一种“宠物文化”！我们现如今不仅仅在家中拥有真正意义上的宠物，同时在精神上以及社会层面上也有宠物——小孩被看作宠物、明星被看作宠物，进而人们还可以定义“宠物厨师”“宠物精神病患者”“宠物员工”，甚至是“宠物教师”（奇怪的是，现在已经是宠物教师而不是教师宠物）。最终，“宠物建筑”将会到来！未来的历史学家可以很好地将这种“艺术的平民化”解读为一种文化现象，其不仅体现了当下“全球消费主义”的时代精神，同时还体现了一种正在狡猾地渗入我们文明集体心智中的道德弱点。

对于摩天稻草楼来说，其不仅仅是“波普建筑”，同时也是一个“宠物建筑”，即建筑必须要有“可爱的外表”才能通过大众的评审。我们也许应该称这个建筑为“斯德哥尔摩宠物建筑项目”？

斯堪的纳维亚设计师对于现代主义产生了巨大影响，这些影响涵盖了建筑、室内和家具设计领域。但是自 20 世纪 70 年代之后，状况发生了巨大改变。如果市议会保持估值并否决摩天稻草楼这一改变其城市天际线的提案，那么我们有理由认为斯德哥尔摩终究是一个极端保守的社区，至少从城镇规划这一角度看是极端保守的。人们同时也可以认为在这个很革新的国家中（瑞典利用诺贝尔奖奖励和表彰科学和人文方面有的突出贡献是极富盛名的），不革新的文化不会在其他方面出现。那么可不可以认为这个城市对先进知识的兴趣仅仅限于脑力知识，是不是这些知识的体现或者争论仅仅存在于外来著作、国际学术会议或者是联合实验室之中？这一点是很有趣的，因为做出本方案设计的建筑事务所名称正是“贝拉丘实验室”。

很遗憾，汉宁·拉森已经过世，因此即使摩天稻草楼方案得以实施，他也没有机会实地体验这一建筑。如果有这个机会，汉宁·拉森一定会享受关于这一方案长达数年的争议性讨论。

维也纳西站
VIENNA WESTBAHNHOF TRAIN STATION

本文将围绕一个以理论为主的设计作品展开，该作品诞生于一个因批判性和先锋派建筑闻名的前沿的学术机构之中，因此很难讲这个作品是否会预示着一个现实的未来。之所以做出以上论述，是因为所有以先锋派作为出发点的建筑，以及那些曾经看起来不现实的建筑已经成为我们生活中平常的事物。但在开始论述之前，我们要先回顾一下背景知识。维也纳西站是奥地利的一个重要火车站。该站作为西线铁路的起点，从此始发的列车会开往萨尔茨堡、慕尼黑、法兰克福、苏黎世、布达佩斯等多个城市。除去长线铁路，维也纳西站也为地方线路以及两个地铁线路提供服务。此外，六条电车线路在该站前方的欧罗巴广场交会，这些线路只在该站通过但并未进入市中心。

维也纳西站位于维也纳城市内环线上的第 15 区。紧邻该站东南侧的玛利亚希尔夫大街为通勤的旅客提供了一个直接进入市中心的道路。随着长期规划的中央车站项目的最终落成，维也纳西站的重要性会有所下降。位于维也纳动物王国自然保护区下方的联络隧道目前正在兴建之中，待其落成后，所有开往东欧的国际线路列车将从该隧道中穿过，最终到达中央车站。届时，维也纳西站的流量将会缩减，如何利用过剩的空间已经是人们正在考虑的问题。

维也纳西站最初由专攻车站设计的建筑师莫里茨·洛尔设计，并于 1858 年投入使用。该建筑由四部分组成，建筑风格体现了历史样式。其中建筑大厅长达 104 米，初建成时宽 27.2 米。建筑顶部通过横梁支撑的铸铁雨棚为下方的 4 条铁轨提供了遮蔽，建筑两翼的塔楼是该车站的出口。

1945 年 4 月，由于二战最后几场战役的缘故，该车站遭受了轰炸，其中中廊的屋顶坍塌。二战结束后，为了满足铁路通勤所需，人们决定对其实施彻底重建，于是最初的车站在 1949 年被拆除。

新建的维也纳西站由建筑师哈廷格·沃恩哈特设计，新车站于 1952 年对外营业。新设计的核心是一个直通欧罗巴广场的巨型中厅，该中厅被分成了高低两个楼层。新站车中顶部的半木材屋顶构造也暗示着这一建筑如同纪念碑一般受到呵护的状态。

2008 年 9 月中旬，维也纳西站展开了一系列举措，包括翻新售票大厅，移除建筑外部多余的旗杆，以及建设位于建筑中厅两翼的建筑，这也是班霍夫购物中心项目的一项内容。在车站的左边，紧邻公园的玛利亚希尔夫大街，一座带有巨大中庭的办公楼以及一座整合了酒店的办公综合体也随着购物中心的开发而建设起来。玛利亚希尔夫大街的起点是博物馆广场，该区域现在聚集了一系列博物馆。当下计划中的方案由谭·阿肯哲提出，谭·阿肯哲是一名就读于维也纳应用艺术大学建筑学院的学生，他的这一方案致力于将车站转化为一个半开放的公共空间，这一目标可谓是学生作品中最具雄心的。据他本人介绍称，该方案应用的形态语言经过了一年的发展，这一语言经过一系列重复和变形，最终以不同尺度的形式应用在了一个扭曲的网格之中，这使得附近的拉撒路教堂成了瞩目的焦点。

我们需要通过提出以下几个方面的问题来了解这个项目：

1. 该项目与维也纳存在何种联系？
2. 该项目与建筑历史与理论有何种联系?
3. 该项目将会给设计学院带来何种改变? 其对教育这个综合话题有怎样的影响？
4. 该项目与科技会有怎样的联系? 不仅限于建筑科技，同时其与电脑技术和波普文化有怎样的联系?
5. 该项目与有机、环保、数字化设计这些建筑设计原则有怎样的联系？

维也纳在哲学、音乐、艺术、包括建筑在内的应用艺术等领域有着悠久的历史。提起维也纳，人们自然会想起维特根斯坦、马勒、弗洛伊德、克林姆、奥托·瓦格纳等夺目的名字。当人们在奥地利首都维也纳街头游览时，众多聚焦哲学、音乐、绘画以及设计领域的院校会使人应接不暇，这时候人们不禁会对这个城市充满敬畏。

从表面上看，维也纳是一座很保守同时又十分精细的城市，城中充满了华美的公园以及烘培甜美糕点的咖啡屋。然而这座看起来人间

仙境一般完美的城市之中存在一个内部隐患。当“维也纳”一词出现在建筑领域时，人们自然会立即想到有关先锋派的历史。这一历史可以追溯到现代建筑之父奥托·瓦格纳、后现代主义先驱者汉斯·霍莱因、结构主义创始人蓝天组，等等。当下，维也纳建筑界一个响亮的名字便是先锋派建筑师、后结构主义大师沃夫冈·查佩尔。他刚刚赢得了维也纳应用艺术大学扩建方案竞赛。沃夫冈·查佩尔的提案主要包含了立面上爬升的楼梯序列以及一组巨大的气球。他希望拆除原有建筑连接部分以得到更大的空间，大学主体建筑的楼梯和电梯被重新定位到了这一室外空间之中，同时这些元素被一个波浪状起伏的玻璃顶棚遮盖。这个举动使得楼层面积更多地被用于绘图教室，同时这些空间的延续部分被作为报告厅、工作室以及储藏空间使用。突出的立面合拢创造出了一个内向的广场，同时绿植空间将作为本建筑与周边建筑的联系。在建筑的屋顶上，两个巨大的充气球体将在特殊活动场合充气以突显建筑的标志性。

不知道是不是巧合，维也纳西站方案的设计者谭·阿肯哲正好是IOA的学生，而IOA全称为建筑学院，这一学院正是维也纳应用艺术大学的重要组成部分！

谭·阿肯哲的维也纳西站设计必须要结合建筑学学术语境解读。这一设计可以说是所谓批判性建筑的一个体现，批判性建筑本质上是一种高度理论化同时又刻意引人深省的建筑。阿肯哲的设计使人们想到末日之后的景象，同时这一设计也深受混沌理论影响。这一做法也是存在道理的，毕竟维也纳应用技术大学建筑学院的设计课是由三位知名的先锋实践建筑师和理论家掌舵的，他们分别为扎哈·哈迪德、哲学家出身的建筑师格雷格·雷恩以及渐近线事务所的哈尼·拉什德。

从技术角度来讲，具体说是从电脑技术以及图像技术角度讲，阿肯哲的这一设计第一眼看上去完全是混沌、无秩序的，但是如果仔细查看，不难发现其中包含很多细节，这些细节与观者第一印象大相径庭。该设计的创作过程高度依靠电脑技术，这里所述的电脑技术不仅仅限于使用犀牛、玛雅或者3DS MAX这类常规的设计软件，而是指原本应用于游戏行业的专业软件。

对于这一设计，人们还会联想到一系列好莱坞科幻电影，比如说《星河战队》《异形》或是《最终幻想》。

除去设计本身的需求之外，还有什么原因促使建筑师在项目中使用这种风格呢？并且考虑所有情况之后，我们不禁要问，有关样式的讨论，到底有多少成分是有意义、有依据的，或者说是有深度而经得起推敲的呢？

一个必须要注意的问题是，无论设计中应用了多少好莱坞或者计算机游戏风格，其本质还是一个纯粹的理论设计。不难发现，本设计是含有一个走向解构的有机演化过程，这一走向必定会将设计变为一个解构主义设计（本设计也吸纳了俄罗斯构成的设计语汇）。这一全新的后末日风格设计必定是一座联系解构主义和后解构主义的桥梁。本设计与解构主义有异曲同工之妙的特点在于，它们都是以自我为参照的，同时很大程度上都含有与既定国际建筑式样对抗的意图。相比于前些年流行的使用犀牛软件完成的所谓参数化设计的流行趋势，本设计呈现出一种更为高级的含有自然有机形态的设计语言。这种设计手段的基本前提是从一系列参数中定义一个族群，进而从这个族群中生成形态，这些形态存在一种内在的联系。本设计的关键在于运用变量以及算法来生成一套数学秩序以及几何关系，这个秩序和关系将进一步指导设计者生成特定的设计形式，同时这种方法还使得设计者可以探索初始参数确定的关系中。我们可以称这种设计为无作者设计，即这个设计不是由某个特定设计者产生的，而是通过一系列包含计算机随机变量作为条件的数学公式生成的。所以这个设计并不仅仅是计算机辅助设计，而是由计算机起始的设计。这个维也纳西站的设计是相对于过去参数化设计的一个发展，我们也许可以称之为后参数化设计。

本设计还可以被看作一个关注遗传设计的后有机建筑形式。其将建筑形式暗含了对昆虫以及甲虫形象的混合，因此可以看作是一个大型仿真拟物化设计。这一设计模糊了好莱坞科幻电影中机器人、仿生人以及外星异形之间的界限，同时将这些特点混合应用于建筑设计中。因此这一新鲜出炉的设计可以被看作来自一个包含有各种样式的大熔炉，其融合了解构主义和未来主义，有机建筑和参数化设计——这是一种新的先锋派设计。扎哈·哈迪德、格雷格·雷恩以及渐近线事务所对这方面的研究在这种新建筑风格诞生的过程中功不可没。

阿肯哲的维也纳西站设计方案并不是基于一个可以预见的世界观，即一种井然有序的“美丽新世界”或者是“起源论”这种光明而充满希望的未来想象。从本质上讲，这个设计是反其道而行之的，它是反未来主义、反扎哈·哈迪德、反文森特·卡勒博、反奥尔德斯·赫胥黎、反安·兰德、反“零碳建筑”、反陈规的。

这一设计仿佛展现了一个镜像的平行宇宙，我们世界中正在逐渐变得没有意义、没有方向的国际式样的建筑在阿肯哲构想的平行宇宙中已经被抛弃了。此类的先锋派设计必然已经超出我们熟悉的传统意义上的经典或者纯粹意义上的现代主义的范围。这一设计是多层次的、多维度的、多重身份和角色的——这些多重身份都在不约而同地谴责我们当下不断生产的城市、建筑、室内或者产品的设计都是缺乏活力和明确走向的。

具备了这种多层次、多维度、多角色的特点，本设计在其样式是否可以被解读为解构主义的代表方面是具有强烈争议的。无论我们怎样命名这种建筑尝试，这一新的建筑设计方向是在戏剧性的、强而有力的、引人思考的、批判性的、革新的同时，毫无疑问也是激动人心的。本设计是否最终会呈现出一种现实版本“终结者”般的末日未来景象，即一种由先进机器人，甚至是仿生人控制的，同时又是被我们制造的混沌理论统治的未来末日景象吗？这个问题仍然有待进一步观察。的确，这一说法从某种程度上讲有点言过其实，但是在当下这个时间节点，我们很难预言等待我们的究竟会是什么。

最后需要指出的是，从同一所学校走出的学生往往会做出类似的设计，如果我们研究谭·阿肯哲的同学萨伊拉·哈迈德的设计，我们不难发现其风格上与前者有许多相似之处，但是更为令人震惊的是，这名学生的着装打扮与扎哈·哈迪德有着惊人的相似之处！

海洋浮台监狱
OCEAN PLATFORM PRISON

什么是罪？什么是罚？

通常意义上讲，建造监狱无外乎出于以下四个主要目的：报应、隔离、威慑与感化。报应指的是对社会中的犯罪现象做出惩罚，剥夺罪犯的人身自由为的是使其偿还对社会犯下的罪孽；隔离指的是将罪犯与社会分开以防止其进一步伤害无辜的群众；威慑目的在于预防未来的犯罪，对于那些动了犯罪念头的人来说监狱就是一个警示，考虑到可能被关进监狱的悲惨结局，这些人便会丧失触犯法律的勇气；感化指的是一系列驱使罪犯重新成为守法公民的活动，这些活动包括监狱内提供的教育、技能培训以及心理专家或义工提供的咨询辅导。监狱的这四个主要目的在近年并没有得到同等强调。因此，监狱之间往往存在着不同，这些不同取决于各个监狱的工作人员、建筑形制以及运营手段。

监狱的建筑从设计角度讲存在着很大的差异性。最古老的监狱之一是一个囚室呈辐射状布局的建筑，该监狱的建筑平面形态类似于车轂和车轮的组合。这个监狱的囚室、食堂以及其余设施均是从位于圆心的控制中心辐射延展出来的。位于中心的狱警可以清晰地观察到监狱中发生的一切。另外很多戒备森严的监狱均使用长走廊的建筑形式，这些长走廊与一系列短走廊纵横交叉从而连接囚室以及其余设施。在这之中，犯人的移动必须在中央长走廊进行，这个设计保证了狱警可以有效监视这里的一举一动。高层监狱的设计可以说是一个垂直版本的长廊形监狱，这之中的移动必须在层与层之间的特定电梯中完成。少年管教所及开放式监狱往往由一组建筑群构成，这些建筑通常围绕着一个中心广场。此处的建筑群组往往包括图书馆、教堂、食堂或者教室。

然而，类别细分在监狱建筑设计中至关重要。将一切犯罪一概而论的行为是万万不可取的，举例来说，罪不可恕的重罪和青少年不良行为之间的差别是不容忽视的。所以从设计的成品上看，不同的监狱往往差别很大，有的像精神病院或医疗机构，也有的像廉价酒店。然而，本竞赛的组委会将设计的基地定位于海中的平台，这个场地看上去很像地中海俱乐部，这个第一印象与大多数人心目中的监狱形象不符。

截至 2010 年，全球范围内估计有 1010 万人正在监狱服刑。由于普遍存在的故意少报现象以及很多国家的统计数据的缺失，实际的数字很可能比这个统计数字大很多。事实上，美国拥有当今世界上最多的监狱人口。2007 年，超过 200 万人在美国的监狱或看守所服刑，而在 1985 年，这一数据还是 74.4 万人。同年，据报道，美国政府花费接近 3700 亿美元用于监狱的维护。2012 年，据统计，美国的监狱人口超过了 230 万人，这也意味着每 100 个美国成年人中就有一个正在监狱服刑。同时花费在这些监狱上的钱每年高达 7400 亿美元。如果仔细观察有关监狱的数据，不难看出美国监狱出现了人口过度情况。一项 2009 年的数据显示，美国加利福尼亚州有 15.8 万人在监狱服刑，而该群体所在的监狱设计容量仅有 8.4 万人。这也导致了有接近 1.4 万的犯人每天睡在一个非常狭小的空间之中，甚至是睡在走廊的地板上。各处的监狱都面临着人口过度的问题。同时，被收监的人数也以不乐观的速度上升，然而新监狱的建造无法追上该上升速度。

无论从哪个角度讲，监狱都像是在我们城市之中的一个微缩社会，在这个微缩社会之中，人身自由是被严格控制的，同时人的行为是被连续监视甚至是操作的。举例来讲，英国是监控设施最严格的国家之一，也是人均监控探头数目最多的国家之一，这些举措使得市民或游客在全市范围内公共区域的一举一动都处在监控之下。事实上，一个引人思考的问题在于，目前的先进科技完全可以将一个人软禁在家，也就是说这些个体可以完全处于监控之中，同时可以被适当的方式长时间限制其只在家中活动，这也就等同于让其服刑，这种方法可以积极地避免国家的监狱人口过度问题。那么在这个前提下，为什么还有人希望组织一个传统意义上监狱的建筑设计竞赛呢？

这一面向全球开放的监狱设计国际竞赛是由专门组织国际建筑竞赛的机构 [AC-CA]™ 组织发起的。这一组织的理念是“发起革新性的设计竞赛”。本竞赛并没有计划将海洋平台监狱实地建造。这项名为“新型海洋平台监狱建筑设计竞赛”的方案做了以下背景介绍：

“对人的囚禁也许是我们现今社会之中一个最为禁忌的话题。监狱是一个将人的肉体进行关押，同时剥夺其人身自由权利的地方。监禁是对犯罪的法律惩处。太平洋是地球海洋中最大的一个区域，其北至北极，南接南大洋，西侧为亚洲和澳洲大陆，东侧为美洲大陆。”

这一竞赛的宗旨是设计一座漂浮在太平洋上的监狱，该构筑物的机构可以参考海洋石油钻塔。新的设计将包括监狱所需的一系列设施，包括囚室和运动场等。同时设计应该在可控范围内提倡对人权的促进。这一新建筑类型的设计应该体现当下新的设计趋势，同时作为一个独一无二的监狱类型最好可以实现一种新的监禁功能模式，同时设计应该考虑建筑功能性、经济性以及安全性等方面的要求。设计鼓励整合建筑功能、结构、细部构造，等等。在海洋的环境中，鼓励将可持续设计应用于方案的各个方面。

近期，该竞赛宣布了竞赛结果。那么让我们一起在下文一睹优胜者们的风采！

本次竞赛的三等奖方案名为《环礁监狱》，这一项目设计团队来自阿根廷。据设计者介绍说：

“我们的第一要务是将海洋视为一个展现建筑自我可持续发展的最有利契机。从功能角度讲，被水环绕的外部条件首先为安全性提供了明显优势。其次，这个空间也为捕鱼和海藻养殖农业提供了空间，同时该区域的次表面暗流为发电提供了条件。雨水通过屋顶的收集装置被收集，并储存于海平面以下的水箱之中。同时屋顶的绿植空间为关押于此的犯人提供了食物补给品的空间。建筑形式的灵感来源于水生植物以及珊瑚礁，从这之中提取灵感也是对大自然所创造的设计进一步的利用。建筑所采用的圆弧形使得其可以适应不同的海洋洋流，同时水流在囚室之间流过时也会产生一种轻盈的感觉。就这样，一个名为环礁监狱的建筑就此诞生。”

本案设计所参考的案例可能是曼哈顿的世贸中心纪念公园。其中水流瀑布般从公共空间的内墙上流下，这类想法是非常诗意的，但是如果用在一个监狱的设计上则有点过分了。

评委点评道：“该项目的有趣之处在于把水域中的半开放元素分散开来。该安排和布局的潜力在于使该项目摆脱了传统中心聚集类的平面形式。该项目传达了一种放松的、平静的感觉，并使向内外两侧开放的单元形成对比（此处的‘内外’也可引申理解为内向的自我反思与外向的推测），这种做法充分利用了海洋开放水面的周围环境。利用环状形式将海面环境内化为室内空间环境的做法使得环礁这一主题在各个层面都展现出良好的连续性。囚室在内部体现出的环形布局以及下沉庭院中使用的减法设计语汇将传统意义上的墙与地面的虚实关系颠倒，这也得益于本案例中特殊的场地环境。这一诗意的反转操作在方案的各个层面都有延续，这一系列操作也隐含着对莲花和水波图像的暗示，这也是本方案的驱动因素之一。几何形态上干净利落的布局使得方案的论述更加清晰有力，这也增大了方案的可行性以及可持续性。该方案是对‘平台’这一设计语汇的全新解读。本方案将海面视为一个充满张力的表面，进而在利用其美学特点之余，也同时对其在其他方面的特点加以利用。方案对既定的‘监狱组织结构’进行修订，这使得囚犯可以更进一步体会到海洋所暗示的公平与美好。”

除去上述诗意的解读，从更加实际的角度看，本案例设计者以及评审委员似乎都不是很了解监狱中的真实生活状态究竟是什么样的。本方案不是在设计一个类似避难所的东西，因此无论是设计者还是评委提到的有关“平静”的解读是非常具有误导性的，甚至可以说是幼稚的，这种解读没有认识到当大量反社会人士或是谋杀犯被关押在一幢建筑中时可能产生的不良现象。毕竟，不是所有罪犯都是玛莎·斯图尔特或者昂山素季！本案例中最糟糕的（或说最尴尬的）一点在于，评委和设计者均对海洋生活一无所知。他们可曾体会过海上风暴的残酷？暂且不说实地体会海洋生活，他们可曾看过讲述在海洋中艰苦求生的电影？如果本方案位于琉森湖中央而不是海上，同时其功能不是监狱而是为选美丽人打造的高端钓鱼会所，那么类似本案例中环礁的概念也许才有机会实现。除此以外，这一概念根本就不成立。

二等奖作品名为《浮筒监狱》，设计者来自立陶宛。

第二名团队指出，“场地是本设计中决定形态设计概念的主要因素。海洋是一个不断变化的环境，同时该环境是高度统一且不受限制的，这就决定了本设计的形体应该是简单的、标志性的且几何上各项对称的。我们认为圆形是满足上述条件最好的几何图形。监狱的场地选址靠近美洲的赤道处，这里的气候决定了建筑不需要特定的保温材料。方案中的监狱包含三个主要部分：承重柱、结构环以及常规的矩形模块。这些模块中包括了监狱设计中的各种功能，这些空间都悬挂在结构环上。这些相互分开的部件（模块）可以被轻松更换，如果需求同时增加，新的模块也可以增加到现有的系统中来。这使得这个监狱可以灵活应对随时变化的环境。结构环下方的所有空置区域都充分配置了一套密集的绳索系统，这些绳索可以利用潮汐的动能为建筑发电。圆形屋顶结构给每一个模块提供自然遮阳的同时还设计有许多缝隙，这些缝隙使得阳光可以到达下方的每一间房间。这些环形结构均由永久性钢骨架构成，这些钢骨架被一套组合式立面板材覆盖，这也就意味着当空间模块组合发生改变时，这些立面构件也可以重组。本案例所利用的潮汐能是一种可再生的、绿色的、无污染的环保型能源。潮汐能所包含的能量约为风能的1000倍，同时这种能源在噪声以及视觉上的影响更小。这个浮筒系统利用海水潮起潮落驱动液压泵。锚固在屋顶结构的发电机与随着海水起落的浮筒相连。海浪的‘击打’使得发电机运作，产生的电力储存在一个特殊设备之中，其可以在建筑需要用电时为其供电。建筑根据不同功能，将平面清晰地划分成了不同区域。等待庭审的犯罪嫌疑人与已经被收监的犯人处于相对的两个不同区域，他们将分不同时段分别使用位于中心的监狱设施。”[1]

看到这个设计，人们自然而然会在第一时间想起法国建筑师让·努维尔的争议性代表作阿布扎比卢浮宫。该建筑地平面布局概念也许是受到了荷兰建筑师赫曼·赫茨伯格设计的位于阿姆斯特丹附近的阿珀尔多伦的比希尔中心办公大楼。

本案例起码在设计手段上没有表现出“地中海俱乐部”一般悠闲的感觉。评委对此点评道：“这个强而有力的方案展现出了动态水域环境与监狱空间类型内在延续性之间的博弈。本方案中的垂直连杆构件的使用非常有趣，其一方面增加了设计的深度，使得空间看上去仿佛被一层薄纱遮盖；另一方面，该构件使得建筑的周边看上去像是消失在了一个垂直杆件的丛林之中。同时利用垂直构件（液压连杆）发电的概念在诸多层面体现出了很强的感染力，这也使得方案拥有了一个令人信服的自我供给的设计主题。该方案的迷人之处在于通透性以及开放的外观，其透明的特性传达出一种‘轻盈’的感觉，这使得该作品有效地摆脱了建筑中实墙所带来的固有印象。建筑从中心向外发展出各种各样有机的形态构成，这些图案构成诗意地展现出了树木生长分叉的比喻意向，然而尽管如此，本设计仍然拥有一个主导的全局统一性。”[2]

终于到了评述竞赛一等奖方案的时候了，我们可以称这个方案为《一座未命名的监狱》，其设计者是来自西班牙的马丁内斯和索韦哈诺。

据获胜团队介绍，这一设计是个自我参照的复杂综合体，其中每一个囚室塔楼都朝向另外的塔楼以确保任何塔楼都不能享有无限制的天际线视野。该设计的概念在于利用一种中等尺度的参照体系，创造出一种每个塔楼都置身于社会之中而不是被绝对鼓励的感受。这种组织建筑布局的手法是独立于外部环境存在的。整个建筑是从外部完全锁死的，这也使其成为一个安全的监狱。同时随着建筑高度的增长，安全系数也随之提高。因此，那些需要特殊看管的囚犯可以被囚禁于塔楼更高层的囚室之中。本项目的一个重要概念是平等性，因此每一个囚室都是预制的胶囊单元。这些胶囊单元的制作全部在工厂完成，完工的单元被运输至场地中进而安放到与其位置对应的主结构中。圆形监狱的结构不仅会降低监控的难度，同时也会使囚犯之间产生一种特殊的联系。这一系列建筑建立起了一套相互交叉的视线联系，同时每个建筑也可以提供一个特殊的视角，这就是为什么环形的模式被进一步分解成了三个聚集的单元。根据对监狱的研究以及后来福柯在此基础上有关监控优化的著作《规训与惩罚：监狱的诞生》可知，辐射状布局的囚室可以减少警卫监控的工作负担，同时将可被监视的人数提升到最大。在本案例中，圆形监狱的组织结构被变形为塔楼监狱，塔楼的每一层关押不超过5名罪犯，但是每个塔楼只配备1人次警卫值守。

在安全性提升方面，该方案中监狱的入口被缩减到只有一处。任何一个企图进入或者被押送到这个建筑的人，都需要先乘船抵达建筑群中心区域，之后才有机会上岸进入建筑。通过使用一套垂直的水闸系统，船只首先被一套电动水泵提升至5楼高度，这一层是监狱的入口。在这儿也是唯一一个供罪犯、访客或者警卫进入这个建筑体的通道。在这个案例中，监狱不仅仅被视为一种惩罚的符号，也是一种对社会惩罚体制以及被惩罚个体的观察。惩罚不仅仅是一种监控的工具，还应该同时被视为一种社会的教育工具。这个案例中的想法也正是将这一观点透明地展现了出来。该监狱会定期组织附近的居民乘坐游艇前来参观，以便了解这一套机制的运行。

就方案的图像来说，人们很快会想到史蒂芬·霍尔建筑中的诗意部分，比如说其早期设计的标志性塔楼方案，或是其余学院的建筑方案。然而，霍尔的作品主要是因其艺术特质而闻名，在灵活性以及环境可持续性上并无多大建树。但是比较荒谬的（也是有违房地产开发的）一点是，这一设计竟然将残暴的杀人犯放在塔楼更高的位置，这自然给他们提供了更好的海洋和蓝天的视野。穷凶极恶的犯罪可以让一个人居住在更高的位置，而相比之下一些轻微的犯罪则会让人在很低的单元居住。

该监狱被设计成一个机器或一个自动化系统一般，其目的是创造一个由单个个体就可以掌控全局的监控系统。在这个案例中，警卫的房间就是一个透明的电梯，其不间断地穿梭于各个囚室之间。预制的胶囊单元会被分为三种类型：囚室、小型囚室以及禁闭室。每个囚室塔楼会配备一人次狱警，通过乘坐可移动房间的方式，对这些囚室进行轮班值守。

竞赛的评委点评该方案时说："这是一个布局巧妙的复杂作品，其优先考虑了监狱职能的复杂性，同时将其规划入一个形式感很强的方案之中，这种做法颠覆和反转了传统意义上圆形监狱模型所具有的'理想化'既定关系，同时把这些关系转变为一种多变的内部（即塔楼分支之间）与外部（即塔楼与塔楼之间的视线联系）的博弈。该方案看上去像一个被提升在空中，同时被许多垂直构件穿透的岛屿或天堂，同时选择用混凝土这一简单的材料作为结构支撑，使得这个巨型建筑有了更好的稳定性。方案具有很好的整体性，其就像被锚固定在了场地上一样，同时其形态很自然地从海洋环境的流动性向其本身含义的表现性过渡。"[3]

评委还指出，"方案引起统一性脱颖而出，同时其对海洋场地环境的态度以及其对海洋平台建筑类型的解读也是其拔得头筹的重要因素。该方案并没有剥夺罪犯享受外部环境的权利，同时该方案保护罪犯免受海洋残酷环境危害的同时让罪犯不会因海洋的广阔而感到空虚和被隔离。这种内省性是以下几个关键因素决定的：由船连接的进入通道，塔楼外围的垂直流线，以及塔楼内部囚室之间犯人建立起的视觉联系。监狱社区中的'社会内省行为'与广阔海洋和一望无际的地平线所带来的固有存在形成对立抗衡态势——这也是本案例做出的一个有趣的选择，毕竟规范模式中的监狱都是与这个案例相反的，规范中的设计一般是内向封闭的，囚室之间没有视觉联系，而唯一的开放区域则是远方孤独而不可触碰的海洋和蓝天。"评委认为这个作品是当之无愧的第一名，因为"该作品不但给出了一个完美的答案，更重要的是该作品在努力回答一个正确的问题"。[4]

然而，该获奖方案一方面是灵活性最差的方案，另一方面也不存在未来加建的空间（除非有办法在垂直维度上继续加建）。这也就是典型的现代主义原则所导致的问题，即方案在某些诗意层面或者优雅程度上是胜出的，但是在许多其他方面存在很多不足。事实上，方案中使用未修饰的混凝土（béton brut）作为主要材料可以追溯到20世纪五六十年代粗野主义建筑盛行的岁月。但是究竟为何要让一个监狱有如此优雅的外观呢？同时又为什么要让狱友之间有视线交流呢？比较奇怪的是，方案中不存在一种向外的"窥视"行为，这使得本方案设计的概念总有些意犹未尽。根据评委的点评可以看出，我们至少可以说本竞赛的评价标准和重点观察方面存在着巨大的模糊性。

但是比较有趣的是，该方案中"三个手指形的结构"很大程度上象征了人的手，那么关押在其中的罪犯可以看作是被一座"五指山"关押控制。在中国神话故事中，有"逃离不过五指山"之说或者此处应该说是"逃离不过三指山"，这样看来，这个设计在图形上是有一个很恰当的寓意的！

如果我们相信现代城市只不过是一个幻觉中的集体监狱，而这个监狱只让我们可以在意识上自由漫游到各个不同的地方，与此同时，实际行为是被约束的，那么要走到海洋中央设计一座监狱的概念简直就是疯人的思想。建筑永远是用于控制人们行为的一种具有欺骗性的工具，这个特质在当下比任何其他时期都明显。这个竞赛的基础全部基于一种"世界大一统"的浪漫幻想，这与电影《千钧一发》中描绘的景象如出一辙。这里关押的犯人同时也可以被看作来自未

来的极客哲学家，他们被困在了自我的超现实精神天空或者海洋之中，而广阔的深蓝色太平洋则衬托了他们这种孤独的囚禁。人们究竟可以自恋到什么程度呢？

就其他极端形式的人类行为控制来说，我们不难想到诸多科幻电影，比如《骇客帝国》三部曲、《机械战警》、《哈利·波特与阿兹卡班的囚犯》，特别是《饥饿游戏》。也许我们所谓的"新世界秩序"在很早之前就已经出现过了。更加奇怪的是，在海洋中囚禁犯人的出处可以追溯到欧洲历史上最著名的囚犯——拿破仑·波拿巴——他被流放到地中海的厄尔巴岛的牢狱生涯。

漂浮监狱的概念现在可以被理解为一个"净化心灵的庇护所"，或者是"地球上最后一块极乐之地"，又或者是"一个反其道而行之的天堂"，其好比是关押了弥诺陶洛斯的"被神化的地狱"。这一主题也可以被看作是一个"理想化的反乌托邦"，为那些对观察罪犯有兴趣的人提供了一个主题乐园，这个乐园中没有假日迪士尼乐园中的卡通形象，取而代之的是穷凶极恶的罪犯。漂浮的监狱是不是一个海上的堡垒，一个海洋的城堡或者是一座在水上饲养人类的动物园？使用纳税人的钱建立这些机构的成本效益比究竟是怎样的呢？我们究竟要怎样去度量这些用于监控和囚禁的建筑的成本是不是划算呢？如果没有一个仔细校对的精确计算模型，为什么要去举办一个国际性的竞赛来设计监狱？最后一个问题是：这些评委和设计者之中到底有没有一位真正参观过一个戒备等级最高的监狱呢？

综上所述，监狱建筑仅仅是一种对人类思维和行为控制的极端体现，这种控制也许在不久的将来就会变得多余。这是为何呢？借助当下最先进的通信科技和机器人技术，我们可以通过技术控制大众，比如不久的将来我们可以大批量生产"机器人狱警"。这种情况下，人们根本就不用在这个漫长无聊的炎热夏天躺在沙滩上重新阅读《罪与罚》，然后拍脑袋决定未来的监狱建筑究竟是什么样子的！

如果我们相信现代城市只不过是一个幻觉中的集体监狱，而这个监狱只让我们可以在意识上自由漫游到各个不同的地方，与此同时实际行为是被约束的，那么要走到海洋中央设计一座监狱的概念简直就是疯人的思想。

注释

1 艾莉森·古藤（Alison Furuto），"太平洋平台监狱竞赛方案 /Povilas Zakauskas, Tomas Vaiciulis, Kristijonas Skirmantas"，ArchDaily，2013 年 3 月 22 日，https://www.archdaily.com/343359/pacific-ocean-platform-prison-competition-entry-povilas-zakauskas-tomas-vaiciulis-kristijonas-skirmantas

2 大卫·麦克马纳斯，"新型海洋平台监狱：太平洋设计大赛"，e-Architect，2016 年 8 月 29 日，https://www.e-architect.co.uk/competitions/ocean-platform-prison-competition

3 同注释 1

4 内奥米·威尔科克（Naomi Wilcock），"太平洋平台监狱竞赛方案 /Povilas Zakauskas, Tomas Vaiciulis, Kristijonas Skirmantas"，world architecture News，2013 年 3 月 14 日，https://www.archdaily.com/343359/pacific-ocean-platform-prison-competition-entry-povilas-zakauskas-tomas-vaiciulis-kristijonas-skirmantas

巴塞罗那“岩石”：超越梦想的超现实主义

BARCELONA ROCK : SURREALISM BEYOND DREAMS

西班牙一直是一个横扫艺术界、设计界乃至文学界的国家。从16世纪起，以塞万提斯的《拉曼查的堂吉诃德》为开端，西班牙艺术家创造了一个惊人的传统，将严肃的美与真挚的知性主义融合。这类艺术运动被称为西班牙超现实主义，在布努埃尔的电影世界中和达利的画作中均有体现。但是在现代西班牙建筑界，令人们不能忽视的是安东尼奥·高迪（Antonio Gaudi），尤其是在巴塞罗那这个城市，那里的圣家族大教堂仍然高耸，奎尔公园仍然是最受游客和当地人欢迎的地方。

从这种历史视角出发，重新审视那最新的、惊人的、饱受争议的，甚至称得上是奇特的设计方案——巴塞罗那岩石旅馆（巴塞罗那2011波希米亚背包客客栈国际竞赛作品）。巴塞罗那岩石旅馆是由波兰UGO建筑设计事务所的设计师胡贡·科瓦尔斯基（Hugon Kowalski）在这特定环境下设计的作品。

巴塞罗那岩石旅馆的设计，声称主要是受自然和城市附近山脉的启发。用源于本土的石材做立面，岩石、岩架和裂缝提供了草木生长的空间和鸟儿栖息的自然环境。这座旅馆看起来更像是一个自然地貌而不是摩天大楼，它有望成为这个城市的地标。

这栋大楼是由石块制成的，每块有4米高，安装在钢筋混凝土支架上，并且设计有间隙以促进自然通风。此外，岩石在白天吸收热量以保持旅馆内部凉爽，在夜间向旅馆内释放热量。（然而，关于这个说法，没有热量的计算，并且有许多便宜且更有效的方式来设计相似甚至具有更好隔热性能的建筑。）

在室内，旅馆有50个有窗的房间，还有游泳池、水疗中心、健身房、电影院、酒吧、商店，甚至还有初学者攀岩墙。旅馆的外部是为更高级别的攀岩者设计的，攀岩者可以使用特殊装备在墙上过夜。梦想着为登山者特制的巴塞罗那岩石的建筑师声称，客人可以状似危险地栖息在这样的岩架上，享受他们夜间的睡眠，还可俯瞰西班牙。利用这座旅馆进行休憩，设计师希望能让旅馆成为一个旅游胜地，而不仅仅是一个过夜的地方。在攀登的最高点，旅馆的顾客和游客们都可以欣赏到巴塞罗那壮丽的景色。

这绝对是一个用超现实主义设计手法的旅馆或酒店。最重要的是，它提出了三个关键问题：

第一个问题：“建筑是什么？”

建筑的定义：规划、设计和建造的过程和产物。建筑作品以建筑材料的形式，常常被视为文化符号和艺术作品。历史文明往往是以其幸存的建筑成就作为识别标志。

那么，一个无创作者的自然洞穴（即几乎完全自然，没有人的设计参与）和从一个位置搬动到下一个位置的几块石头能被认为是一个合法的建筑设计吗？在建筑的整个领域和历史中形成了多样化的建筑风格，在其中这一个被称为“巴塞罗那岩石旅馆”的建筑是否能代表我们的“时代精神”？

第二个问题：“什么是有机建筑？”

“有机建筑”这一术语是由兰克·劳埃德·赖特（Frank Lloyd Wright，1867—1959）提出的：

因此，我站在你们面前宣扬有机建筑：有机建筑是现代的理想，如果我们要纵观整个生命并且服务于整个生命，这项教义是如此亟需。在伟大的传统面前没有本质的传统，也不要留恋任何限定了我们过去、现在或将来先入为主的形式，而要颂扬通常意识或超常意识的简单规律，如果你更喜欢通过材料的性质来确定形式（兰克·劳埃德·赖特，写于1954年）。

实际上，新艺术运动中的高迪可以被认为是现代有机建筑的先行者或奠基人，紧随着著名建筑师兰克·劳埃德·赖特（美国）、阿尔瓦·阿尔托（芬兰）、埃罗·沙里宁（芬兰籍美国人）、布鲁斯·戈夫（美国）等20世纪的经典建筑师。高迪树立了典型，并且现代有机建筑在近代由于参数化设计的进发获得了进一步发展，设计师包括伊东丰雄（日本）和洛斯·拉古路夫（英国），甚至是未来的但仍然高度有机设计的比利时天才文森特·卡莱鲍特（Vincent Callebaut）。但是“巴塞罗岩石旅馆”是否能与上面提到的著名建筑师所展示的先进性与技术和工程上的卓越相媲美呢？

第三个问题：

“主题公园建筑能被视为合法建筑吗？我们有什么办法可以评估、接受和欣赏‘模糊建筑’？模糊建筑包括许多人工结构，这种结构不仅在主题公园中，也在拉斯维加斯和像古典歌剧、芭蕾舞摇滚音乐会和音乐剧这样场景中的舞台装置中。”

在这里，我们的调查可以很明确地优先从迪士尼的马特霍恩雪橇过山车开始（或马特霍恩）——一个由两个钢制轨道相互缠绕形成的过山车景点。1959年，这个景点在加利福尼亚阿纳海姆的迪斯尼乐园开幕。它是由沃尔特·迪士尼自己构思，仿照瑞士阿尔卑斯山脉的马特霍恩建成的。所以，问题是：我们可以认为“主题公园建筑”是建筑吗？还是仅仅是一个不会被建筑师或评论家认真对待的舞台装置？或者我们可以为马特霍恩贴上“有机建筑”的标签？我们是否能拿迪士尼的设计与兰克·劳埃德·赖特的流水别墅进行比较？（流水别墅是有机设计中的流行典例）两者都被视为经典，甚至以他们自己的定位来看，是我们20世纪文明的标志象征，但他们是否应该以相似的方式进行比较呢？

建筑几乎都有具体、特定的场所，我们必须回到西班牙的巴塞罗那进行进一步的分析。我们至少要与令人震惊的高迪的圣家族大教堂相比，需要从背景上重新评估这件作品其自身的语境。圣家族大教堂是有机建筑艺术新潮的杰作，充满了建筑历史上设计师们所设想的极复杂的几何学（我猜想）。每一幅画都是一个奇迹，每一个细节都是最高级法则的揭示！

事实上，西班牙的卓越工程传统在建筑师圣地亚哥·卡拉特拉瓦（Santiago Calatrava）的设计才华中得到典型的体现，他是西班牙建筑师、雕塑家和结构工程师，现在在瑞士的兹甫（Zürich），被列为全世界最受追捧的设计师之一。卡拉特拉瓦也是一位雕塑家和画家，他声称建筑的实践融合了所有的艺术。2003年，纽约大都会艺术博物馆举办了他的艺术和建筑作品展，名为“圣地亚哥·卡拉特拉瓦：雕塑融入建筑（Santiago Calatrava: Sculpture Into Architecture）”。然而，巴塞罗那岩石旅馆没有具体的可描述的几何结构。一切似乎都很随意，并且几乎是偶然。然而，会有一种新的风格叫作偶然建筑吗？

西班牙——在伊比利亚夏日的热潮中的创意温床，我们不能忘记，设计仍然是人为的，任何进一步的对真实自然的假称都难以成为现代建筑世界的前进方向。但在西班牙，更大的热潮不是关于建筑问题，而是关于一个具有极高失业率的国家的未来经济问题。这个国家在艺术，包括建筑，甚至是先进的工程设计方面都很出色。这里不缺乏独创性和创新性人才。但是在当今时代，经济上可持续的发展更难以实现。一个人必须创造出适应许多不同层次需求的东西。

巴塞罗那岩石旅馆是另一个例子，可见设计有时是多么的幼稚。酒店和旅馆不是从房地产和设计中可实现的有利可图的投资，无论多么大胆和前卫，也必须在经济层面上进行评估，否则，完成之后，在经济上就无法维持下去。可以肯定的是，经济方面的可持续性与环境可持续性同样重要。因此，对我们所有人来说，从建筑和设计中有所感悟是至关重要的。总的来说是为了创造一个能带来更大财富的环境和更大利益的社会整体。巴塞罗那岩石旅馆可能没有尊重其他方面的环境因素，其中包括经济状况以及这个建筑和房地产合资企业的经济和内部收益率（IRR）。

在这方面，从另一个意义上是非常超现实的，欧洲建筑师继续不顾欧洲经济的发展，尽其所能地去做到最好。而在这方面，西班牙可能位列榜首。想想这个逃避现实的建筑、幻想主义建筑、反建筑结构建筑，或者简称之为空想、幻想或无建筑。

泰国超级水坝：当媒体价值超越功能
SUPERBOWL THAILAND : WHEN MEDIA VALUE PRECEDES FUNCTION

关于建筑的文章（新闻或甚至评论）不应该被看作是对于所讨论的作品简单的“喜欢或者不喜欢”，而更应该是“为什么”以及“在何种背景下”。为什么这件作品会被认为是重要的（或不重要的）？这件作品诞生于什么样的大背景下，尤其是社会、经济或者科技的环境下？有哪些真实或者半真实的原因使得它看起来如此？它的表面状态下隐藏的意义，或者有时存在的平行于现实的真理是什么？

水坝

一个可以对应的例子就是超级机器设计工作室（Supermachine Studio）在泰国的水坝“超级碗”项目。该项目本质上是一个基于大都会的，将在整个国家洪灾危险地区重复使用的从地面架的大型水坝。这个革命性的概念以泰国的那空沙旺作为样本选地，与由皇家赞助的塞米兹（Siamese）事务所合作，超级机器设计工作室旨在在这个庞大的城市系统中置入一个巨大的液压设施，在两条河流之间安置一个新的“水城”，并为那空沙旺的人民创造一种新的生活方式，或者说，一个将这个国家变得更好的宣言。那空沙旺位于宾河与难河之间，几乎每年都受到洪涝困扰。2011 年，洪水冲破了河堤进入城市的中心，整座城被淹没在 1 米多深的河水中。因此，这个项目的目的不仅是建造一个大型的可居住之所，还应作为原有城市的延伸，或者原住城市居民的迁徙之地。

泰国是一个并受干旱和洪涝灾害的国家。相比其面积，这个国家拥有很长的河流流经距离，尤其在中央的三角洲。在季风的作用下，泰国的干旱问题更为棘手。但是城市的蔓延以及无法支撑的大量需要灌溉的农田使得该国家在用水和水流控制上极其不平衡。

造成灾害的四个因素：

1. 因西北地区的山地地势高，普密蓬水坝的水高速流入宾河。
2. 难河从东北方汇入永河但并无堤坝支柱。从这个方向来的大量洪水未得到控制。
3. 博瑞泊德湖并未起到管理水源的作用。部分湖区被改造成农田，导致其与自然水系的隔离。如今，该湖的面积以及深度都不足以作为洪水控制的工具。
4. 湄南河的水受到大量的雨季降水以及不合理的土地利用和水系统管理影响，以高速冲向城市。

泰国应该全面地改变其处理由自然因素造成的干旱和洪涝方式——她需要更大、更有效的工具来处理这些问题。这包括需要一个足够大的液压装置网络以管理每年从河流溢出的 6000~1 000 000 立方米的水。换句话说，堤坝毫无作用，这些问题应该由政策的参与一并解决。设计师们相信，他们需要与人相关的工具——人民的工具。

在这个样本城市中，超级机器设计工作室提出的设计解决方案是在两条河流中间，于那空沙旺东边建造一个 20 000 米长的封闭的土丘。这个 150 米高，位于巨大的水池上的土丘围合区域能够容纳 15 亿立方米的水。3 个巨型水泵从河中汲取了大量的水注入到“超级碗”中，在旱季能够缓慢释放以灌溉 585 万平方米的农田。

土丘 40% 的表面被多样的植被覆盖。随着时间的推移，山丘将被居民占据而成为城市。这个新的“堡垒”将成为一个连续细长的沿着山坡起伏的可持续的绿化居住带。在设计者的计划中，这个城市将作为一个“居住网”在这个巨型的治水设施外延生长。这个新的建筑建筑面积为 283 万平方米，可容纳各种功能（从住宅到学校及影院，从商场到运动场及政府设施）以及 50 万人口——那空沙旺所有居民的数量。

泰国的“少数报道”

新城中汽车较少，泰国沿网络节点处设置了停车场。汽车更多地作为城际交通的工具。项目中有三条地铁线。三层公共交通系统通过三座换乘车站联系起公共交通。最高层也就是“超级碗”的顶层，人们将坐船通行。公园、体育馆甚至机场等公共设施均可以悬浮在水上。

这样的构思看起来、听起来都太美好了，以至于人们立马联想到那些浪漫、富有创造力的科幻影片，比如《少数派报告》（2002）、《变形金刚》以及《X 战警》。这些影片的灵感基于美国 20 世纪历史的浪漫主义和英雄主义，以及与罗斯福新政有关联的著名的胡佛水坝。

但是仔细想一想，为什么不只建设一个“绿色堤坝”呢？为什么要创造一个容纳 50 万人口人均高达 50 平方米的 GFA，在雨季不受洪涝灾害但只有一个景观面的社区呢？为什么不创造一个小高层，或有传统街道围绕的独栋住宅（前后的道路允许更大景观面）呢？再进一步想，这完全不是一个传统意义上的水坝。传统意义上的水坝有着完全相反的功能，它们从山里的树林中收集雨水，然后在另一面建造并不需要水收集功能的大坝。而我们所讨论的这个项目的机制完全不同。由于整体结构是一个巨大的水坝（看起来几乎就像一个带阀门的巨大海绵），所以需要将水引入容器中。在这样的规模上将有巨大的额外能源消耗。如果我们能解决世界上最古老的关于洪涝与干旱的难题的话，大禹治水的故事在中国历史上的影响也不会如此不可磨灭。在如此巨大的规模上，人们必须提出多种解决方法来比较每种方法的成本和收益比。

将建筑与土木工程结合（与流体力学密切相关的也一样）是一件很危险的事情，更不用说诸多案例中都体现的危害：在雨季时，水的溢流情况将严重影响到邻近最高水位的居民生活。虽说这种情况并不太可能发生，但一旦发生，众所周知，将造成巨大的安全威胁。

大坝是大坝，水库是水库，为什么要将其中任何一个做成看起来像一座巨型结构的公共房屋或房地产项目呢？这个问题也许值得我们探讨。事实上，这个设计通过尽可能减少顶部的混凝土结构（或水容器）的边缘，不经意间阻止了居民享受人造湖的全景。这在很大程度上证明了该项目的真正意图。这个设计并没有从人的角度足够灵活地为社区创造收益。

传统与历史的忘却

可能有人会说超级机器设计工作室的创造力来自于他们的大胆，也许设计上过于简单，但目的不乏野心勃勃的英雄主义。这个项目并不能被看作是绿色建筑，因为为了达成这些野心与目标，它将会成为世上耗费能源最大的建筑项目。另外，我们也需要思考为什么这个建筑，其城市设计概念（一个并不基于工程的）被用来解决泰国的干旱与洪涝问题。即便它被用来作为解决方案，但它在何种程度上与当地的建筑传统和特点相结合？与大多数欧洲国家不同，泰国一直以来都与其独特的传统艺术与工艺紧密相连。泰国是一个非常以自己的传统为骄傲的国家，尤其在他们的酒店行业以及 20 世纪后期传统艺术与工艺现代化方面，他们甚至将传统文化艺术带入 21 世纪。这一直以来都是泰国的主要特色。虽然不难指出，一些现代的大型结构——新曼谷国际机场以及首都的城市轻轨，对于亚洲人民来说并非最好的现代工程或建筑项目的例子。事实上，任何

巨型建筑都不是他们的强项。"超级碗"应该首先作为工程项目被对待，然后再考虑与当地文化传统有所承接。

机器 vs 功能

超级机器设计工作室的其他项目同样带有浮华的特质，缺少了一些最基础的能够创造精细复杂的建筑设计的规律。工作室的项目中有很大部分含有"公众推动力"(或者说"媒体驱动力")的主导元素，这对于某种类别的项目来说不一定能直接评价其好坏。

在流行文化盛行的当下，所有事物都向其看齐。建筑与设计已经变为需要公众(或者说媒体)的驱动来重视自身。如果可以用"存在先于本质"来解释存在主义的话，现代建筑就可以被重新定义为"媒体价值(或者说炒作)先于功能"，甚至舆论至上早先于安迪·沃霍尔或者《墙纸》杂志之前就已存在。

事实上，超级机器设计工作室的名字应该是受著名的先锋建筑时代——20 世纪 60 年代的超级工作室(Superstudio)影响。其对于概念的高度强调影响了后来的如大都会建筑事务所(OMA)(雷姆·库哈斯，扎哈·哈迪德，伯纳德·屈米)以及库柏·西梅布芬事务所。而该项目的名字"超级碗"则早已作为美国流行文化中的一项体育盛典被众人所熟知。或许这可以归于现代建筑与现代媒体力量的同步发展。建筑已经成为泛文化运动的一部分，即一代(或者半代)新人用来摧毁上一代人的新方式。

从 20 世纪 30 年代的包豪斯开始，我们很快创造出了国际主义，然后是粗野主义、辩证区域主义、语境主义、生态建筑、后现代主义、解构主义、未来主义，等等。但是建筑不能 100% 作为流行文化存在——流行会死去，但建筑并不那么容易倒下——无论时代精神变得如何轻率或短暂，建筑必须能够经受一定时间的考验，不是吗？

大坝是大坝，水库是水库，为什么要将其中任何一个做成看起来像一座巨型结构的公共房屋或房地产项目呢？

迈阿密太阳
MIAMI SUN

迈阿密，“欢乐之地”？

迈阿密的都市区，人口约5.5万，是美国人口数量排位第8的区域。

2008年，《福布斯》杂志称迈阿密以其全年的高空气质量、大面积绿化、干净的饮用水、整洁的街道以及城市级别的回收系统，称其为“美国最干净的城市”。根据2009年瑞士银行对于全世界73个国家的调研结果，以购买力为准，迈阿密是美国最富有、全世界第五富有的城市。迈阿密也因为其在美国第二高的西班牙语使用人口和最大的美籍古巴居民人口，被称为“拉丁美洲首都”。在超过20年的时间内，迈阿密港口以“世界邮轮之都”著称，是世界范围内游客游轮码头之首。它容纳了世界上一些最大的游轮，是客运和邮轮线路中最繁忙的港口。

近日，一家以斯德哥尔摩为基地，名为视觉界限工作室（Visiondivision）的瑞士建筑公司，在迈阿密海湾公园的地标设计比赛中提出了一个叫“迈阿密太阳”的方案。这个比赛要求参赛者提供一个能够代表迈阿密特色，同时又能够给迈阿密众多具有特色的建筑注入新鲜血液的方案。

据建筑师说，坐落在阳光之城佛罗里达，迈阿密全年的好天气使得它成为旅游以及退休养老的胜地。迈阿密当下的城区大多都是收复的沼泽湿地，抽干了水才成为城市的一部分。实际上，大部分迈阿密的海滩和城区与海滩之间的区域都是这样形成的。建筑师也认为，从水中创造新的景观和建筑空间是一种有意思的手法。

这个项目的选地——海湾公园，是以这种传统的方式创造的，以增加城市的可用土地（设置挡土墙和抽出海水）。新地标“迈阿密太阳”将成为“好生活”的纪念碑，同时作为景观的一部分，丰富和平衡现有公园的热带景观。

这个纪念性的方案是一个细长的半球形的酒店。底层用作赌场，上层配有观测台。观测台的颜色模仿一天内天空的颜色和亮度不断地变化，在夜晚则模仿月亮的样子。这个独特的景观会吸引更多的游客，来填补没有活动发生时空荡的公园。到了晚上，人们有望再次涌入迈阿密的前廊，欣赏一个让人轻松的热带日落，或在巨大的月亮旁边的一个小型热带岛屿上听音乐。

像附近的游轮一样，当船只停靠在小港口时（类似于旧金山的恶魔岛或纽约的自由女神像），这种隐秘性增加了酒店的独特性，同时证明了综合体的独立性。

据视觉界限工作室的工作人员说，这个建筑是一个带有玻璃幕墙外壳的网格，外壳是透明的太阳能电池板。这是一种新技术，通过仅允许太阳光的可见光谱穿透，同时吸收大部分紫外线和红外线作为新形式的替代能量。虽然还没有任何真实的计算，但建筑师声称，这种新能源足以为建筑物提供动力，其盈余将转移到集成在每块楼板末端的单频灯条并指向外部，在黄昏和黎明时分，酒店周围会散发出阳光的效果。

单频灯是强大的光源，可产生频率较窄的光线，使黑色以外的颜色和所选颜色不可见，这使得周围染上了特定的颜色，并在建筑物周围营造出一种醉人的氛围。在白天，灯将略微变暗，以创造闪烁和反光效果。在夜间，它像月亮一样发出乳白色的光。现有公园和酒店之间的水景包括一个大型浅水池以及环绕着景观优美的长着棕榈树的小群岛。

人造沙滩的沙子来自加勒比海周围的不同海滩，因此人们可以在没有离开城市的情况下从迈阿密的邻近地区采集最好的沙子。游泳池深度只到腰部，所以理论上人们可以游到这些岛屿，也可以将整个场地作为超世代音乐节和其他活动的壮观舞台。到现在为止，这个项目听起来是很棒的，对吗？

如果将设计方案作为标志性纪念碑稍微分析一下，人们还可以将这座巨型雕塑建筑解读为“实心拱券”、“抽象圆顶”、“单体摩天大楼”（特别是从侧面观察的视图）、“海上之门”，甚至是“巨型波普艺术雕塑”。如果想到更深层次的话，也许还会有其他的象征性意义。

也许我们需要回顾历史，并将这部分建筑设计置于类似发明的背景下。如果我们去除大教堂和政府大楼的所有巨型圆顶，圆形纪念碑肯定不如金字塔或直线纪念碑常见。一个著名的例子就是在罗马万神殿旁边，设计并奉献给物理学家艾萨克·牛顿（Isaac Newton）的纪念碑，由法国新古典主义建筑师艾蒂安-路易·部雷（Étienne-Louis Boullée）（1728—1799）建造，极大地影响了当代建筑师，并且至今仍然具有影响力。

在近期，人们想到在密苏里州圣路易斯的名为“圣路易斯拱门（The Gateway Arch）”的纪念碑——一座高达192米的不锈钢纪念碑，

视觉界限工作室的设计方案可以称之为建筑界的单句妙语，但又绝对不及笛卡尔的看似简单的“我思故我在”这样诙谐幽默却又扣人心弦的金句。

这座纪念碑是世界上最高的人造纪念碑，它于1947年设计并于1965年完工。另一个更为惊人的例子是，极负争议的湖州喜来登温泉度假酒店被称为“甜甜圈酒店”或“马蹄酒店”，这座位于南京太湖的27层建筑已经完工，并投入使用。

能够成为迈阿密的建筑遗产是竞赛的主要目标之一，评价“迈阿密太阳”的一个重要标准必须是将其置于迈阿密历史中，作为美国建筑遗产的背景——迈阿密建于20世纪的两次世界大战之间，是著名的装饰艺术建筑的圣地，它大大影响了美国从加利福尼亚州到拉斯维加斯市等城市的建筑发展。

但是，视觉界限工作室设计的“迈阿密太阳”似乎并没有参考任何有关佛罗里达州的装饰艺术或其他历史。事实上，成立于20世纪90年代的迈阿密著名建筑公司ARQ建筑设计事务所（Arquitectonica），以多彩的设计方式对后现代建筑产生了重大影响。但与视觉界限工作室不同的是，ARQ建筑设计事务所确实对装饰艺术表现出敬意，并且在此基础上，以色彩缤纷的立面和无处不在的走廊来适应南佛罗里达的天气。有人可能会争辩说，如果移动建筑没有阳台，完全封闭，几乎可以被安放在地球上的任何地方，那它在佛罗里达的存在一定是不合理的。“场地特性”在这个案例中完全被忽略了，而建筑，无论如何都无法脱离场地和其他基础要求而独立存在。

视觉界限工作室“迈阿密太阳”设计的方法是基于这样一个前提：未来的城市将成为迪士尼乐园城市，拉斯维加斯和迪拜基本上都是主题公园未来的一部分。

但与源于英国高科技建筑的、伦敦福斯特建筑事务所（Foster+Partners）的标志性作品“小黄瓜”不同，“迈阿密太阳”没有传统，完全是单一的，并且回到20世纪的现代主义的英雄时代。这个设计有一个“糖衣”，它伪装“幸福建筑”，以简化我们的“集体文化”和“集体意识”，摧毁并否认任何可能会使我们更接近“现实”的层面。这所谓的“幸福”不仅肤浅，它也贬低了广大公众的智慧，并且对迈阿密大众居民的历史和文化遗产几乎毫不在意。这是一种新的“文化粗野主义”，只是这里并没有为了激起某种政治理想的粗糙的混凝土，而是用玻璃和魅力的“面具”作为伪装，其真正意图是“进一步建立国际消费主义、企业霸权和文化平庸的体系”。

这可能是一座用来控制思想，或者说“无脑控制”的建筑，因为创作者甚至不会意识到他们无意或故意造成的文化损害。这其实和金

字塔非常相似——一个奴隶时代至高无上的权力象征（尽管我们也知道，金字塔远比它复杂得多）。“迈阿密太阳”甚至是一个让佛罗里达州变得更加缺少真实感，更加缺乏文化的建筑设计。虽然对于一个真正了解美国的人来说，这已经是事实。

“迈阿密太阳”可以被解读为极端一维的标志性建筑，它可以回溯到“查理的美国天使时代”，源自20世纪70年代后期的“以社会学和媒体为中心的遗产”的理念。除非仅以深夜电视的形式呈现，否则这是一种造就“被世界抛弃”的理念。为什么？因为事实上，这是在2013年全球范围内，更多地归属于反乌托邦而不是乌托邦所描绘的“幸福”。

这个纪念碑方案（据说是为了推动迈阿密的建筑遗产，同时也是创新）对迈阿密的传统、历史和文化没有多少帮助。即使是好莱坞的《坏男孩》和《迈阿密风云》都比这座建筑跟这座城市的现实更加相关。为什么会有人想要来佛罗里达州南部来体验一个完全封闭的建筑？又怎么会有人愿意抛弃自然赐予的一切，沐浴在人造阳光下，为人造的月亮照亮呢？

我们所看到的并不是“思辨性建筑”，至少不是能够质疑现代建筑原理的超现实建筑。比如波普艺术具有艺术运动的意义和边界的双重性，它深深地质疑它所存在的体系。因此“迈阿密太阳”既不是有争议的也不是批判的，它既不能激起任何建筑界的讨论，也缺乏对眼下热门的现代建筑“语言”的讨论。建筑语言是后现代主义、现象学和后结构等派别之间火热的讨论话题。

“迈阿密太阳”也许可以作为旅游景点，但它并没有为城市的能源问题提供新的解决方案，事实上，如果市政府真的采纳了该项目中所提出的方案，这只能体现他们的不安而非强大。那么为什么会有人在罗马建造一个小意大利，或者在巴黎建造一座金色的埃菲尔铁塔，又或者在佛罗里达州建造一个象征性的假太阳呢？此时，我们可能已经沦为如美国流行歌手杰夫·昆斯的著名作品那样的“艺术为平庸”的境地。只是这个作品并没有他的作品中的讽刺和露骨的复杂性。然而我们也不能确定，建筑师在创造这个可预见的纪念性建筑时，是否考虑到了这些“潜台词”。人们就不能离开明信片上的迈阿密图像吗？

即使有人造出了一个巨型的太阳，它也永远不会拥有克拉斯·欧登伯格（Claes Oldenburg）的雕塑的强度和自我模仿力。为什么？因为我们可以将一把勺子，或者一只小狗尽可能地放大一千倍，但永远都不可能放大月亮，更不用说太阳——这个太阳系里最大的星球了。

“日出”或“日落”，这个标志性建筑的真实效果，即使在建成后也有待观察。

“迈阿密太阳”甚至是一个让佛罗里达州变得更加缺少真实感，更加缺乏文化的建筑设计。

迪拜桥
DUBAI BRIDGE

如何理解“国际风格”与“国际建筑”？

根据定义，“国际风格”是一个与我们20世纪早期现代主义形成时期相关的术语。但是我们如果要重新思考什么是建筑中真正的“国际”，可能应该在一个更广的范围内进行更深层次的思考。

我们能否根据古希腊罗马传统重新定义古典主义（而不是哥特式）作为第一波“国际风格”，然后将现代主义作为第二次浪潮？也许当代世界正将未来主义视为第三次浪潮。

让我们深入研究这个重要的问题，并以一个简单通用的项目——迪拜桥，作为案例研究的对象。

据美国AS+GG建筑事务所（Adrian Smith + Gordon Gill）的建筑师介绍，他们的迪拜桥是“迪拜卓美亚花园开发的融合了结构表达，材料创新使用和文化参照的标志性特征，创造出最高性能并且极具诗意的令人回味的作品之一”。

建筑师解释说：“这座桥是用钢筋混凝土浇筑成形的，隐喻了来自附近阿拉伯海湾的鲸鱼的骨骼，这座41米宽、210米长的桥梁上升至运河上方14.5米的顶点及其双人步行长廊。该结构的截面为V形，在桥的中央脊上有5米的结构深度，支撑着六条车道。车道和人行道由10米结构舱的间隙区隔开，这些结构舱类似于鲸鱼脊椎的椎骨。总体而言，桥梁具有薄而轻的边缘轮廓，同时仍然提供支撑跨度所需的实质结构。不同于其他从远处或从上方观看时具有最宏大建筑姿态特征的桥梁，迪拜大桥将为其下方的行人、汽车和小船提供一些强有力的建筑表达。抬头看结构海湾，人们将能够观看较大海湾的白色内壁上的光影变化。在中东的阿拉伯马希腊比亚（Mashrabiya）网格的启发下，由太阳照射的钢丝网格栅的几何图案所创造的不断变化的阴影，通过汽车而更具动感。结果将形成一种桥梁与底部人群之间亲密的关系。”

应该如何开始讨论甚至批判这样一个设计？

如果说桥梁必须在其技术和结构创新上进行评估，而这种创新本质上是工程学的，然后是美学的，并且与世界上其他类似的桥梁相比，最后，但并非最不重要的，是它的意义和象征主义以及其文化语境下的影响。

也许人们可以指出建筑师不应该设计桥梁，除非其在结构工程中做得很不错。桥梁首先是一个经典工程——从A点到B点的“超级梁”，通常是大学任何结构课程的第一个设计项目。从我们的大学时代开始，“结构101”告诉我们，设计桥梁的关键标准之一是其取决于重量跨度比的效率，也就是说，这里的目标是设计一个跨越最远距离的最轻的结构“梁”。但是，即使看到这个优雅、有趣，但仍然相当庞大的结构，人们知道这不是它的创新所在。在我们最近关于建筑师（和工程师）设计桥梁的记忆中，必须包括圣地亚哥·卡拉特拉瓦、诺曼·福斯特的杰作，扎哈·哈迪德的结构创新实例，甚至包括托马斯·赫斯维克（Thomas Heatherwick）在伦敦的最新花园大桥和在中国长沙的由荷兰的Next建筑事务所设计和制造的全新麦比乌斯圈桥。

迪拜大桥是桥梁设计中一个有趣的练习——实用、低调、优雅、相对容易欣赏——但要完全公平地与我们刚刚提到的其他一些更优秀、更有创造性的建筑师案例相比，并没有什么真正地“脱离这个世界的创新”。作为在“未来主义”中的一个练习，它既不是特别前卫也不是尖端的未来主义。事实上，建筑师似乎忘记了先锋派未来主义可能很快就会被电影的布景设计师完全超越，例如亚历克斯·麦克道尔（Alex Mcdowell）创作的《超人：钢铁之躯》，或者来自《湮灭》和《创·世纪》的达伦·吉尔福德（Darren Gilford）。

当我们看一件建筑设计时，我们有权问：“它的文化背景是什么？什么是象征主义？设计的意义是什么？”

让我们更深入地了解结构的概念和灵感，根据建筑师的说法，它是鲸鱼的骨架。事实上，毫无疑问，美国文化中最著名的鲸鱼“白鲸迪克”是《约拿书》以及《古兰经》中的核心角色。在伊斯兰教中，约拿也被称为“Dhul-Nun”(阿拉伯语中意为“鲸”)。因为在约拿的故事中鲸是代表上帝的。

为了使事情更加复杂，阿拉伯马希腊比亚——阿拉伯语术语，它是一种用雕刻木格子封闭的突出窗户，被发现在阿拉伯世界以东的马什里克(mashriq)——在伊拉克非常流行，而且在伊拉克的巴士拉经常被命名为“萨纳谢尔市”。

在风格上，迪拜大桥从根本上来说是直接的“未来主义”，所以为什么提到鲸鱼？为什么叠加图案是受到阿拉伯马希腊比亚风格的启发。

有了“受鲸鱼启发”的未来主义结构，人们可以用任何其他图案来替代，比如上海的中国屏风图案或纽约的欧普艺术图案。所以，这实际上是文化的过度简单化，设计师可能对这种文化中的深层含义不够了解。虽然图案在建筑上使用可以被接受，但它们必须提供更深层的意义，否则，这种图案只是壁纸。

在尊重建筑师良好意愿的基础上，我们看到的基本上是一种文化为另一种文化所创造的建筑，由于建筑师的思维体系根深蒂固，他们甚至没有意识到间接消除或削弱该建筑所在地的土著文化。有意或无意的，这种态度在潜意识中以“国际风格”或“国际建筑”的名义带有一定程度的屈尊或可辨称的“精神控制”。事实上，这种主要为侨民的社区和全球公司创造环境的无害方法也可以被解释为通过国际金融、全球银行业务和全球房地产创造的“建筑殖民主义”形式。

说任何形式的“殖民主义”都涉及某种形式的“殖民化”并不公平。“殖民化”(文化或其他)概念几乎总是通过建筑来实现的。如果有人认为殖民化总是涉及人的思维，那么人们甚至可以争辩说，建筑学一直是“心灵控制”的一种形式，也是国家之间文化战争的空间表现形式。

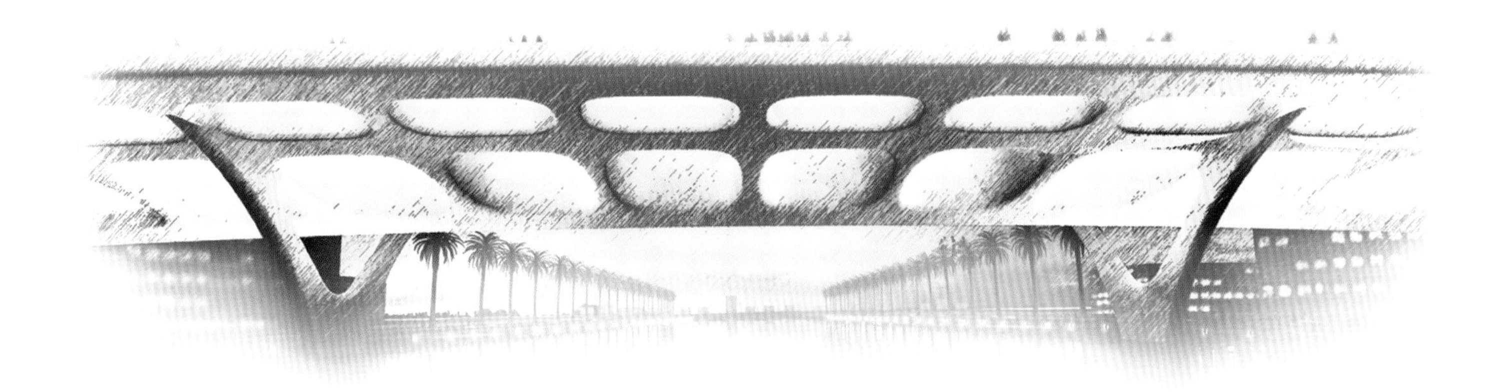

如前所述，希腊罗马古典建筑可以被认为是我们所谓的第一波“国际风格”，然后是“现代主义”作为第二波，现在，也许“未来主义”可能被一些人认为是第三波。在尊重建筑师的同时，AS+GG 建筑事务所是一家总部位于芝加哥的备受尊敬并屡获殊荣的建筑公司，但许多欧美企业，无论是好还是坏，在推动一种当前与我们在全球范围内饱受争议的“一个世界体系 + 新世界秩序”发展同步的建筑体系。

这个“国际体系”(这是“殖民主义”的更广泛意义的一个重要组成部分，不仅仅是建筑) 在古代被罗马的概念所体现，并在过去几个世纪被发展成为本质上以“欧美为中心”的体系。它的建筑是殖民地的一种实体表现，在 20 世纪突然从古希腊罗马的古典主义遗产转变为现在可能演变成未来主义的“国际风格”，直到最近代表着主要由欧美人发起的“全球公司”的新面貌。这种基于金融资本主义和包括能源在内的技术进步的“新殖民主义”将逐渐推动人类走向“一个世界的体系”或“新的世界秩序”。

这个“新殖民化”的力量将引领我们走向何处？下一个边界可能是非洲。但是如果我们进一步思考，它最前沿的边界很快就会在月球上，甚至在火星上！具有讽刺意味的是，目前在外层空间，建筑或其他方面的设计师对设计风格不太感兴趣。也许在月球和火星上，因为没有土著文化 (至少不在我们有限的知识范围内)，所以几乎不需要采用超越实用性或功能性的东西。目前想象中的殖民地，有些是由巨型 3D 打印机使用月球或火星上的材料制造的，并不是真正特别具有未来感的东西，而是在视觉上更类似于实际的脚踏实地的军事掩体。2012 年由荷兰企业家巴斯 · 朗斯多普 (Bas Lansdorp) 创建的 64 亿美元的项目“火星一号”就是一个例子。另一个例子是 2013 年初为欧洲空间局开发的诺曼福斯特的月球之屋。

未来主义是一种可能的选择，但不知何故未被采纳。这可能表明一个更深层次的事实，即“未来主义”或任何一种“国际建筑”最终都是“化妆品”，从本质上来说并不是纯粹功能的。如果没有本土文化来“取代”或“压制”，就不需要提倡任何“国际”风格，同时有时还要零碎地叠加本土文化中的元素，以便将其标注为“建筑语境化”。这也可能成为一个具有煽动性的想法，表明这些看似更高层次的事实来源于经典包豪斯学派的功能主义，它们只不过是随意的设计哲学并在“殖民化”进程中被“殖民主义者”所采纳，并作为宣传自己议程的工具。

这座白色典雅的“迪拜大桥”将成为支持“一个世界体系 + 新世界秩序”理念的众多炙手可热的案例之一。这取决于你是否同意我们在地球文明中的这一新的人类历史进程，这个“通向未来的桥梁”看起来完全是“暗淡”的抑或是令人难以置信的“光明”。也许将来只有历史才能给我们一个答案。

王士维眼中的伊东丰雄
TOYO ITO BY ALEXANDER WONG

伊东丰雄跟其他日本建筑师不一样。

"事实上，伊东丰雄先生的设计风格可能不像世界上任何一位建筑师。"问题是，以上这些陈述的真实性如何？如果所言非虚，那么这又是为什么？

伊东丰雄是以创造概念建筑著称的日本建筑师，他的建筑旨在同时表达出物质世界和虚拟世界。他是建筑界提出当代"模拟"城市概念的代表人物。我们都知道，他的主要关注点之一是挑战现实和公共及私人领域之间的界限（这与我们认定的私人或公共的概念相关，实际上极可能是我们自己对"所谓的现实"或"超现实"的感知）。关于他作品的这些方面已经有很多说法了，但问题仍然存在，即通过建筑挑战现实的行为是如何实现的？

如果我们敢于排除他的第一个主要建筑作品——"白色 U 形住宅"（1976）——这座住宅是为他姐姐建造的，是对勒·柯布西耶萨伏伊别墅的致敬，是结合了 20 世纪 70 年代的混凝土建筑立面体现出来的野兽派艺术。我们可以认为，他的所有主要作品都极可能归入以下类别：

· 金属与网格。
· 结构折纸—— 表皮作为结构。
例外情况是：
· 仙台媒体中心"玻璃与管体"（2001）——管状的柱子装在玻璃体内，更像是装饰元素而不是真正的支撑结构。
· 多摩艺术大学图书馆"抽象拱门"（2007）——拱门实际上是结构，但看起来更像是来源于基里科绘画的超现实舞台布景。
· 台中大都会歌剧院的"皮肤结构"（完成于 2014 年或之后）——这部杰作是迄今为止最复杂的。没有开始或结束，没有顶部或底部，没有内部或外部，没有立面或剖面，地板和天花板是完全可逆的，有着模糊的表征。一切都是无边界的和未定义的，或者说待定义。

但是让我们回到他早期的作品，比如"银色小屋"（1984），这是伊东丰雄自己的房子，毗邻为他姐姐建造的"白色 U 形住宅"。也许是受了勒·柯布西耶的莫诺尔住宅（Maison Jaoul）和路易斯·康的金贝尔美术馆的启发，但他又叠加了埃姆斯在建筑上利用轻质建筑材料的技术方法。这样做已有一种反结构的感觉。不同于弗兰克·盖里（Frank Gehry）在太平洋彼岸做的实验，伊东丰雄也在现代建筑中寻找一种新的情感——确切地说，是现代日本建筑。这种"金属网"的风格于 1986 年在"横滨风之塔"和"风之蛋"（1991）中得以实现，两者都使用了轻质的网状物，在夜间呈现半透明或透明状态。这两部作品的魔幻诗篇以结构为中心，它的结构在白天会隐藏起来，只有在夜幕降临后才部分显现。

八代市立博物馆（The Yatsushiro Municipal Museum，1991）也成为一个轻质金属网的高度复杂的建筑概述。

1995 年出现了重大突破。仙台媒体称："一个多功能综合体，是一个容纳了图书馆、美术馆、音像图书馆、电影制片厂和咖啡馆的混合程序。这是一个从 235 个竞争方案中选出的竞赛获奖方案，被广泛认可为伊东丰雄的开创性作品之一。他的'用玻璃包裹管体'的方法是原创的，同时也是有争议的——部分人认为'结构'过时。对于街上的路人，结构只是柱和梁，但对任何顽固的建筑师（或建筑狂热者）来说，它们是真正的'神圣'物。"

这些建筑的"神圣骨骼"包括米开朗琪罗的经典柱式、密斯的现代工字梁、巴克敏斯特·富勒（Buckminster Fuller）的张拉整体索穹顶、贝聿铭的金字塔 A 形框架、奈尔维的贝壳结构，以及其他部分解释了为什么诺曼·福斯特对所有轻质结构痴迷。因为大多数建筑师和结构工程师相信"圣杯"是根据柱或者是梁，设计出具有最高效率的重量荷载比或重量跨度比的最佳结构。所以在潜意识中，结构实际上可以被认为是专业领域中最高等级的"崇拜物"。

然而，如果你深入思考，事实上一切都是结构。

梁是水平柱，柱是竖直梁。

剪力墙只是一系列连续的柱。

双向板是一种水平剪力墙。

A 形框架是部分梁、部分柱的准结构。

壳体结构是拱形梁的矩阵。

让我们甚至不用开启张拉整体索穹顶的谈论!

伊东丰雄同时代的安藤忠雄、隈研吾等人的作品强调“结构”，他们的建筑本质上是高度阳刚男性化的。因此，当伊东丰雄创建真实结构时，它看起来像虚拟结构（或模糊结构）。例如，基于日本折纸（建筑将表皮作为结构形成外骨骼），他在伦敦的肯辛顿花园设计了临时建筑蛇形画廊（2002），那时他正面临着一个微妙的经典和传统现代建筑戒律的挑战。折纸建筑的主线在其他几个项目中重述，包括东京的托德表参道大楼（2004）和爱媛大三岛的伊东丰雄建筑博物馆（2011）。或许也应该指出，这种高度日本化和独创性的建筑方法与三宅一生的时尚手法不同，至少在精神上是如此。然而，我们不能把伊东丰雄的折纸与里伯斯金（Liebskind）的作品混淆起来，因为它们在各个方面都不相同。

但是，即使是我们之前没有提到的“怪人出局”设计，他的松本表演艺术中心（2004）已经缩小到一系列纤细又粗糙的脚柱，诗意地放置在一面厚墙的背景下，受到洪尚（Ronchamp）的不少启发（有争议说是勒·柯布西耶的伟大杰作——朗香教堂，靠近瑞士边境的法国区域）。这可能不是伊东丰雄最好的设计，却是他对这种独特的结构设计方法的致敬，向我们做了进一步的阐释。柯布西耶决不会把他的脚柱与洪尚的混在一起。

另一个更特殊的部分肯定是他的多摩艺术大学图书馆（2007）。在这里，拱门被称为“抽象薄剪纸”，奇异而强烈地提醒我们基里科关于“结构记忆”设想的超现实主义绘画。

它们是不是结构?

对于他在台中歌剧院（现在我们称之为台中大都会歌剧院）国际竞赛中的革命性胜利的重大突破设计，我们毫无准备，这是一个重新定义现代建筑的惊人尝试，比其他任何一个在我们最近的记忆中能想到的建筑设计更为重要。

伊东丰雄有时把建筑定义为城市居民的“服装”，或者说“人造皮肤”，尤其是在日本当代大都市。他关心的是私人生活与大都市的“公共”之间的平衡。“什么是私人？”“什么是公共？”“它们真的存在吗？”在21世纪的后斯诺登时代，在这个日益复杂化的全球局势下，这变得尤为重要。

问题：边界在哪里?

答：没有。

对于台中大都会歌剧院，伊东丰雄可能创造了像勒·柯布西耶曾创造过的伟大。但是我们不要把伊东丰雄放在太高的基座上。歌剧院不仅没有完工，而且事实上，没有人真的想和他们的“神”平等，更不用说超越一个“神”了，对于伊东丰雄来说，“神”必须是勒·柯布西耶。

2013年，伊东丰雄被授予普利茨克奖。奇怪的是，他是到SANAA建筑事务所之后才获奖的，然而有两个他指导并筹备的项目在他获奖之前就得到了相同的殊荣。伊东丰雄的办公室可以被视为年轻人和天才的训练场所或炼炉。那些以前为他的办公室工作的人包括SANAA建筑事务所的妹岛和世和西泽立卫、KDa事务所的阿斯特丽德·克莱恩（Astrid Klein）和马克·戴萨姆（Mark Dytham），以及许多其他人。

“真实而非实在；理想而非抽象。”

如果伊东丰雄的作品经常被一些人认为与吉尔·德勒兹（Gilles Deleuze）甚至与普鲁斯特（Proust）等哲学家的思想有渊源，那么也许我们也可以将他的作品与弗吉尼亚·伍尔夫（Virginia Woolf）和张爱玲的文学作品进行比较——这些文学作品中的传统叙事结构（文学意义上）完全崩溃，并且被有意剔除。

伊东丰雄的非传统、非白话、非古典，甚至非现代主义的结构表达在我们的认知过程中唤起了一种奇怪的感觉，它与孩童般的天真与自由相呼应。由于他模糊的结构营造出一种新的失重感，令人耳目一新。总体效果肯定比与他同时代、同级的每个人的作品效果都更有失重感，如安多、库玛，甚至坂茂的作品。他的方法至少在表面上是对一种新的“非结构”的探索，但在更深层次的理解上，它也可以被解释为“基层结构”或者更好地解释为“灵魂结构”。

他设计的建筑物中的金属网、折纸、装在玻璃中的管体、纤细脚柱、基里科式拱门、“超级皮肤”（台中大都会歌剧院）都是真实的结构，但是已经变成了虚拟的（或模糊的）结构，使得真实的结构看起来不像是真的。如我们所理解的一样，“结构”正在被刻意地模糊了。

换句话说，结构没有更多在形式上的维持，它已经完全消失了。在伊东丰雄的前卫世界里，建筑是如此“轻盈”，人们感觉它们可以像一只巨大的日本风筝一样随时起飞。

到目前为止，都很好，但这里存在一个更严重的问题。因为建筑不仅仅是用结构和墙壁来创造庇护所，任何形式的结构，如柱和梁，看起来都平淡无奇，却有着超越建筑的更深层的寓意。

因此，当一个人通过颠倒真实与非真实的身份来破坏真实的概念时，通过创造出一种兼做结构和墙的模糊的皮肤来模糊内部和外部的概念时，会使其他人失去对内部和外部的感知。就像台中大都会歌剧院一样，它所创造的“天真和自由”是如此的具有开创性，它在我们对现实的现有感知中引发了量子的跃迁。“难道是为了安全感，人类需要用建筑中的结构来明确界定空间，从而间接定义所有权？”

对于一些心理学家来说，所有权只能满足我们对虚假安全感的需要。“我们真的能拥有宇宙中的一切吗？”这是一个基本的哲学问题。通过进一步模糊公共和私人、内在和外在的概念，破坏人类对拥有各种领域的本质需求；否定任何类型的等级传统，在更深层的心理层面上，可能会让建筑的观者或使用者产生极大的不安。

因此，伊东丰雄的前卫建筑最终真的令人不安，因为它暴露了人性根深蒂固的弱点（反合性）——无论我们多么努力追求“纯真与自由”（通过先锋派设计），我们也可能不会放弃对保护、安全、控制以及对我们来说最重要的东西的所有权。那个被我们称作现实的这个物质世界的所有权。

也许，莎士比亚通过他几百年前为一位丹麦王子写的著名独白已经告诉过我们了。

“真实而非实在；
理想而非抽象。”

鸣谢

在此，王士维建筑师事务所感谢设计项目的所有客户、承包商、工程师、平面设计师、作家、3D渲染师、摄影师、公关人员、媒体合作伙伴、动画师、模型制作者、供应商、项目经理、测量师、会计师、法律顾问、资讯科技技术团队、业务开发团队、市场营销团队、办公室管理团队、司机、清洁员工、厨师、所有朋友和家人，以及其他设计师、建筑师和核心员工等，衷心感谢他们的辛勤工作及贡献。

感谢视觉出版集团实现了本书在国内外的出版，尤其感谢奥诺里讷·勒·弗勒（Honorine Le Fleur）、吉娜·察罗哈斯（Gina Tsarouhas）、尼科尔·勃林格（Nicole Boehringer）、汉娜·詹金斯（Hannah Jenkins）和乔·博斯凯蒂（Joe Boschetti）。

感谢父母、祖父母、启蒙老师（按时间顺序排列）：

Luis Chan Fook Sin
Theresa Kwan
Grace Payne
Lee Kwok Hon
Clive Jacques
John Andrews
David Gloster
John Tarn
Richard Smith
John Stevenson
Steve Haughton
David King
Ralph Lerner
Michael Graves
Diana Agrest
Joel Sanders
Derek Parker
Diana Goldstein
Ip Kwok Bun
Ho Chi Fai
Chan Chi Leung

特别鸣谢王士维建筑师事务所的设计与支持团队（2006—2018）：

Andy Cheung
Rock Liu
Roy Wong
Joe Chung
Candy Lau
Eddie Wong
Bobo Chan
Chet Xin
Eddie Hui
Tan Shao Ming
Brenden Ho
Albert Hui
Johnnie Liu
Jonathan Lau
Shera Wong
Michelle Hagino
Ada Ng
Claudia Lai
Sherlin Lin
Faheem Ahamed
Raymond Sze
Howe Chan
C W Tsang
Helen Fan
Rox Cheung
Zhang Yi
Lilia A. Tablang
Ricky Cheung
Eileen Kwok
Jessie Law
Fiona Lai
Irene Kwong
Sydney Lai
Hannah Tong
Terry Ho
Ryan Chin
Jimi Lau
Dan Yu
Sara Lee
Ricky Chan
Edward Wong
Terry Tang
Gilbert Law
Sapphire Yin
Miller Fong
Hiro Shiu
Gio Yim
Sze Cheung
Desmond Man
Nematov Khasan

摄影

梦幻山水

10-27 阿凡达城
广东中山
2014
Hu Wenkit / Eddie Hui

28-47 科幻卡门
香港旺角
2014
Josh Tam

48-57 科幻亚马孙
广东惠州
2013
Hu Wenkit / Eddie Hui

58-67 科幻原野
新疆乌鲁木齐
2014
Hu Wenkit

68-75 白玉科幻
上海
2016
Hu Wenkit

76-83 异国风情影城
上海
2017
Josh Tam（第77与79页显示屏影像由 Sabine Schönberger Fotografie 提供）

84-87 超越未来
湖北武汉经开
2016
Josh Tam

88-97 未来伊甸园
广东深圳
2010
Chris But

98-109 精品酒店电影城
香港尖沙咀
2009
Eddie Hui / Helen Fan

110-115 数码天林
北京
2013
Hu Wenkit

116-125 钻石竹林
四川成都
2014
Eddie Hui

126-133 现代艺术博物馆影城
香港太古城中心
2010
Eddie Hui / Jonathan Lau

134-139 爱丽丝梦游仙境
香港屯门市广场
2007
Helen Fan / Sara Lee

白洞

142-157 白居
香港中半山
2012
Yu Xiang / Rock Liu / Jonathan Lau

158-173 金瞳
江苏徐州
2013
Hu Wenkit / Rock Liu

174-181 兆日华庭
香港南区
2009
Chris But / Jonathan Lau

182-187 美术之家
香港中半山
2011
Rock Liu / Jonathan Lau

188-195 白玉
江苏徐州
2013
Hu Wenkit / Eddie Hui

196-201 逸宇
江苏徐州
2013
Hu Wenkit / Eddie Hui

202-205 星堤
香港新界北区
2013
Jonathan Lau

206-211 拥抱生活
香港中半山
2008
Jonathan Lau / Helen Fan

百姓宫殿

214-223 东方科幻
广东珠海横琴创新方
2015
Eddie Hui

224-235 科幻流水
香港太古广场
2016
Josh Tam

236-249 崇光百货俱乐部
香港铜锣湾崇光百货
2015
Josh Tam

250-257 玩具大教堂
香港铜锣湾崇光百货
2016
Josh Tam

258-263 未来超市
香港铜锣湾崇光超市
2017
Josh Tam

264-267 美食文化俱乐部
香港铜锣湾
2013
Hu Wenkit

268-273 全球本地化设计村
香港知专设计学院
2007
3D渲染：由王士维建筑师事务所提供

274-291 北京三里屯精品酒店
北京三里屯
2011
3D渲染：由王士维建筑师事务所提供

292-299 达·芬奇环球剧场多面体
香港铜锣湾
2015
Eddie Hui

300-313 睡眠宫殿
香港中环及跑马地
2014
Hu Wenkit

第5页王士维肖像　摄影：Rock Liu　发型：Zen Yip

“深入自然，洞悉天机。”

阿尔伯特·爱因斯坦

Albert Einstein

王 士 维 | 建 艺 幻 想 曲

查询：

王士维设计（深圳）有限公司
中国广东省深圳市南山区南山大道1088号
南园枫叶大厦
10楼B室
电话：+86 755 8695 9693
电邮：enquiry@alexanderwong.com.cn
网址：www.alexanderwong.com.cn

王士维建筑师事务所有限公司
中国香港中环威灵顿街39号
六基大厦
17楼1701室
电话：+852 2526 3017
电邮：enquiry@alexanderwong.com.hk
网址：www.alexanderwong.com.hk